大健康的守护神
—— 益生菌 ——

翁　梁　朱燕玲　张圣杰　李士广 / 编著

刘喜一　温　鲁 / 审稿

U0241765

中国轻工业出版社

图书在版编目（CIP）数据

益生菌／翁梁等编著. —北京：中国轻工业出版社，
2020.8

（大健康的守护神）

ISBN 978-7-5184-2735-2

Ⅰ.①益… Ⅱ.①翁… Ⅲ.①乳酸细菌 Ⅳ.①Q939.11

中国版本图书馆CIP数据核字（2019）第248795号

责任编辑：江 娟 靳雅帅 责任终审：张乃東 整体设计：锋尚设计
策划编辑：江 娟 责任监印：张 可

出版发行：中国轻工业出版社（北京东长安街6号，邮编：100740）

印　　刷：三河市万龙印装有限公司

经　　销：各地新华书店

版　　次：2020年8月第1版第3次印刷

开　　本：889×1194　1/32　印张：4.25

字　　数：100千字

书　　号：ISBN 978-7-5184-2735-2　定价：32.00元

邮购电话：010-65241695

发行电话：010-85119835　传真：85113293

网　　址：http://www.chlip.com.cn

Email：club@chlip.com.cn

如发现图书残缺请与我社邮购联系调换

200981K1C103ZBW

前言

　　在人体的口腔、胃部、小肠和大肠中，生活着大量的微生物。这些微生物种类有1000多种，数量约100万亿个，其中85%是有益菌和中性菌，15%是有害菌。正常情况下，它们在人体内相互制约，共存共生，当这个平衡被打破，人就会生病或感觉不舒服。

　　有益菌包括许多细菌和真菌，例如，乳酸杆菌和双歧杆菌等，这些有益菌就是益生菌。到目前为止，人们已经发现益生菌有改善肠道菌群组成结构、抑制病原菌、消除致癌因子等多种调节机体功能的作用。肠道疾病在我国的发病率逐年上升，临床研究表明此类患者的肠道内存在着严重的菌群失调，通过摄入益生菌对局部微生态环境进行调节，可显著缓解病情。随着人们对肠道微生物群落与人类健康关系的认识与研究，益生菌作为一个新领域开始被了解和关注，并且在食品和保健品中的应用日益增加。

　　应用含有益生菌的功能性食品来促进健康和预防疾病，已在世界范围内引起重视，成为近20年来的研究热点之一。随着科技进步和社会发展，人们对自然的、健康的生活日益重视，也为益生菌产品的开发和应用带来契机，尤其是可以作为食品的益生菌制剂，越来越受到人们的青睐。目前我国在益生菌基础理论和生产技术方面的研究还比较落后，很多科研院所、科技公司加大对益生菌制剂方面的科研投入，经过一段时间的发展，与国外同类益生菌产品的差距越来越小。我国人口基数巨大，消费者对健康生活需求的增加和个性产品的竞争，使益生菌产品商业化速度不断加快，益生菌研发及相关产品的市场前景不可估量。相信在乳品和食品科学家以及微生态学家和企业家的共同努力下，我国益生菌制品开发应用的前景一定会更加美好。

本书第一部分介绍了什么是益生菌，包括哪些种类，以及益生菌如何发挥功能作用；第二部分介绍了益生菌与人类健康，包括益生菌与人体免疫力，益生菌与肠道健康，益生菌与肥胖、糖尿病，益生菌预防癌症抑制肿瘤，益生菌缓解乳糖不耐受症，益生菌降血压、降胆固醇以及益生菌抗衰老作用；第三部分介绍了益生菌功能产品，包括益生菌乳制品、益生菌发酵肉制品等；第四部分介绍了益生菌的分离、筛选、保存与鉴定。

本书在编写过程中查阅参考了国内外大量科技文献、科研专著，力求把最新的科技成果介绍给读者，使读者详细了解益生菌和相关产品的知识以及功能作用机理等，以便读者朋友正确选购与使用益生菌食品和益生菌保健品。本书采用图文并茂的形式并配以科学案例，阅读起来轻松活泼，通俗易懂，兼具科学性、实用性和指导性。希望本书能为提高普通读者在益生菌方面的科学素养发挥促进作用，推动益生菌产业和相关产品更好、更快地发展。

本书在编写过程中得到了益生菌研究领域的专家、学者悉心指导，谨此深致谢意。限于作者能力与水平，书中难免有不足或不当之处，诚请广大读者批评指正。

笔者

2019年9月

目录

第四部分 如何获得益生菌

第一部分

益生菌的
发现与发展

1

一 什么是益生菌

益生菌，也称为益生素、微生态制剂、活菌制剂等。益生菌对健康的有益作用，最早是俄国科学家伊力亚·梅契尼科夫提出的，他认为肠道乳酸菌能够通过防止腐败菌的生长而起到延长寿命的作用。益生菌的现代定义在20世纪60年代由国外科学家提出。此后，随着对益生菌研究的深入，其定义也不断修订。世界粮农组织（FAO）、世界卫生组织（WHO）、欧洲食品与饲料菌种协会（EFFCA）等专家学者

图1-1 俄国科学家伊力亚·梅契尼科夫

对益生菌的定义是：益生菌是一类对宿主有益的活性微生物，是定植于人体肠道和生殖系统内，能产生确切健康功效从而改善宿主微生态平衡、发挥有益作用的活性有益微生物的总称。

近些年，随着生物技术的发展，对益生菌的研究也越来越多、越来越深入，现已成为科学研究的热点之一。国内外大量实验室及临床研究报道，为益生菌的功能作用奠定了科学基础。目前，益生菌已经广泛应用于人类保健、动物营养、饲料和农业生产等领域，通过人体摄入、动物采食和植物利用，益生菌能够维持动植物体内外的微生态平衡，还具有促进消化、提高免疫力或分泌维生素类似物供宿主吸收利用等功效。

人体、动物体内有益的微生物主要有：酪酸梭菌、乳杆菌、双歧杆菌、放线菌、酵母菌等。目前世界上研究的功能强大的产品主

要是以上各类微生物组成的复合益生菌，已广泛应用于生物工程、工农业、食品安全以及生命健康领域。

二　益生菌有哪些种类

目前来说，常见的益生菌种类主要有三大类：乳杆菌、双歧杆菌和革兰阳性球菌。其中前两者比较好分辨，第三种主要有粪链球菌等。益生菌在人体内主要有促进消化吸收、抑制有害细菌以及增强免疫力等作用。

1. 乳杆菌

乳杆菌为革兰阳性、无芽孢的杆状菌，在自然界中分布很广，在植物体表、乳制品、肉制品、啤酒、葡萄酒、果汁、麦芽汁、发酵面团、污水以及人畜粪便中，均可分离到。乳杆菌种间差异较大，由一系列在表型性状、生化反应

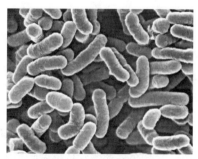

图1-2　显微镜下的乳杆菌

和生理特征方面具有明显差异的种组成。乳杆菌中用于益生菌的种有嗜酸乳杆菌、保加利亚乳杆菌、发酵乳杆菌、植物乳杆菌等。

嗜酸乳杆菌是一类厌氧或兼性厌氧的微生物，是人或动物肠道内的主要微生物之一，当含量达到一定数量时，能够调整和改善肠

道内微生态系统的平衡，达到增强宿主健康的效果，是目前研究开发较多的一类益生菌。

试验研究证实，嗜酸乳杆菌具有多种生理作用，例如，可促进乳糖的消化吸收、缓解乳糖不耐症；提高机体对蛋白质、维生素的吸收能力；具有降低血清胆固醇、提高机体免疫力和抑制肿瘤发生的能力等。有研究还显示，嗜酸乳杆菌具有抵御胃酸和高胆汁酸的能力。嗜酸乳杆菌在加工和贮藏过程中稳定性较高，可被广泛应用于各类益生菌产品中。目前含有嗜酸乳杆菌的产品种类较为丰富，如嗜酸乳杆菌发酵乳、嗜酸乳杆菌与普通乳酸菌混合发酵的酸乳制品，还有嗜酸乳杆菌胶囊、片剂等。

保加利亚乳杆菌属于乳杆菌属热乳酸杆菌亚属，是典型的来源于乳的乳酸菌。保加利亚乳杆菌是一种被冠以国名的细菌，其被发现已有100多年历史。1905年，保加利亚科学家斯塔门·戈里戈罗夫第一次发现并从酸乳中分离到"保加利亚乳杆菌"，同时向世界宣传保加利亚酸乳。通过对保加利亚人的饮食习惯进行分析研究，他发现长寿人群有着经常饮用含有益生菌的发酵牛乳的传统。

1908年，俄国科学家、诺贝尔奖获得者伊力亚·梅契尼科夫正式提出了"酸乳长寿"理论。保加利亚乳杆菌的繁衍至今已经遍布全世界。由于保加利亚乳杆菌具有调节胃肠道健康、促进消化吸收、增加免疫功能、抗癌抗肿瘤等重要的生理功能，因此作为保健食品的益生菌菌种之一，在食品发酵、工业乳酸发酵、饲料行业和医疗保健领域均有比较广泛的应用。

发酵乳杆菌是革兰阳性菌，兼性厌氧，广泛分布于人和动物的胃肠道中，是肠道、口腔和阴道的正常菌群。发酵乳杆菌具有水解胆盐和降胆固醇的功能，能有效调节宿主体内微生物菌群的平衡。

山东大学张秀红从国内酸乳制品中分离到一株营异型乳酸发酵的乳杆菌（编号YB5），它是一株携带温和噬菌体的溶原性菌株。研究显示YB5具有较强的耐酸性，能够在pH2.5的培养基中生长。抑菌试验结果表明，YB5能产生抑菌物质，该物质对革兰阳性菌有明显的抑制作用。YB5抑菌活性具有较强的热稳定性，经40℃或60℃热处理后，其抑菌活性无损失。该菌株具有益生菌的优良性状，可作为益生菌使用。

发酵乳杆菌CECT5716是从人乳汁中筛选的特异性菌株，有预防和治疗哺乳期乳腺炎，缓解哺乳期乳房肿胀、疼痛等症状，提高母婴免疫力和肠道健康等作用。发酵乳杆菌CECT5716分离自健康母乳，经接种、发酵培养、浓缩、冷冻干燥制得，该菌种已通过美国食品药品监督管理局（FDA）的安全认定，已列入欧盟安全资格认定（QPS）推荐的生物制剂列表中，并列入国际乳业联盟（IDF）"具有在食品中安全使用记录史的微生物清单"。2011年发酵乳杆菌列入我国《可用于食品的菌种名单》。发酵乳杆菌CECT5716可用于婴幼儿配方粉，含有发酵乳杆菌CECT5716的婴幼儿配方粉已在欧洲和亚洲等多个国家（地区）销售。

植物乳杆菌为直或弯的杆状，单个、有时成对或成链状，最适pH6.5左右，最适生长温度为30～35℃，厌氧或兼性厌氧。植物乳杆菌作为人体胃肠道的益生菌，具有维持肠道内菌群平衡、提高机体免疫力和促进营养物质吸收等多种功能。

植物乳杆菌在食品工业中应用十分广泛。由于对食盐、亚硝酸盐具有良好的耐受性，对蛋白质、脂肪无明显直接的分解作用，因此在发酵肉制品中应用很多，也广泛用于发酵植物性食品。此外，利用植物乳杆菌还可以生产共轭亚油酸。植物乳杆菌能大量产酸，其产出的酸性物质能降解重金属。

此菌是厌氧细菌（兼性好氧），在繁殖过程中能产生特有的乳酸杆菌素，这是一种生物型防腐剂。在水产养殖中后期，动物粪便和残饵料增加，下沉到池塘底部并且腐烂，会滋生很多病菌，生成大量的氨氮和亚硝酸盐，出现底部偷死现象。如果长期使用植物乳杆菌，就能很好抑制底部粪便和残饵料的腐烂，降低氨氮和亚硝酸盐的增加，大量减少化工降解素的用量，使养殖成本显著降低。

2. 双歧杆菌

双歧杆菌是一种革兰阳性、不运动、细胞呈杆状、一端有时分叉、严格厌氧的细菌，最适生长温度为37～41℃，生长pH范围一般为4.5～8.5，广泛存在于人和动物的消化道、阴道和口腔等环境中。双歧杆菌属的细菌是人和动物肠道菌群的重要成员之一。

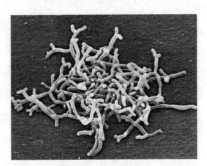

图1-3 显微镜下的双歧杆菌

一些双歧杆菌的菌株可以作为益生菌应用在食品、医药和饲料方面。早在1899年，法国巴斯德研究所的儿科医生Henry Tissier从母乳喂养的健康婴儿粪便中分离出的一种厌氧的革兰阳性杆菌，当时命名为*Bacillus bifidus*。随后，Tissier医生发现这种分叉状的杆菌能治疗肠道感染方面的疾病。在Tissier发现双歧杆菌以后，科学家发现了更多的双歧杆菌属的成员，对双歧杆菌的生理功能进行了深入的发掘与研究。经过一个世纪的发展，特别是近年肠道微生物组学研究的发展，人们已经越来越认识到双歧杆菌的重要性。

双歧杆菌是一种生理性有益菌，定植于人体肠道中，对人体具有生物屏障作用、营养作用、抗肿瘤作用、免疫增强作用、改善胃肠道功能、抗衰老等重要生理功能。在正常情况下，人体内的肠道微生物形成一个相对平衡的状态。一旦平衡受到破坏，如服用抗生素、放疗、化疗、情绪压抑、身体衰弱、缺乏免疫力等，就会导致肠道菌群失去平衡，某些肠道微生物如产气荚膜梭菌等在肠道中过度增殖，并产生氨、胺类、硫化氢、粪臭素、吲哚、亚硝酸盐、细菌毒素等有害物质，从而损害机体健康。双歧杆菌等有益菌能抑制人体有害细菌的生长，抵抗病原菌的侵染，合成人体需要的维生素，促进人体对矿物质的吸收，产生醋酸、丙酸、丁酸和乳酸等有机酸、刺激肠道蠕动、促进排便、防止便秘，以及抑制肠道内腐败、净化肠道环境、分解致癌物质、刺激人体免疫系统，从而提高机体防病抗病的能力。

大量研究发现，双歧杆菌的有益作用包括以下几个方面。

（1）治疗慢性腹泻及与抗生素相关的腹泻　双歧杆菌具有调节肠道菌群的作用。通过用双歧杆菌对慢性腹泻患者临床观察研究表明，在服用双歧杆菌制剂一段时间后，患者大便次数、形状异常等临床症状消失，治疗效果较为显著，且复发率低。许多国内医院已将双歧杆菌制剂作为治疗慢性腹泻的首选药物。此外，双歧杆菌还可以治疗因过量使用抗生素而导致的抗生素相关性腹泻疾病。有研究者采用双歧杆菌制剂治疗伪膜性肠炎，试验数据显示临床总治愈率无明显差异，但临床副作用和复发率均明显降低。双歧杆菌对儿童急慢性腹泻也具有很好的治疗作用。

（2）有效缓解便秘　双歧杆菌可以通过调整肠道菌群，并通过产生乙酸、丁酸、乳酸等短链脂肪酸来抑制肠道腐败菌的生长和有毒代谢产物的形成，并刺激肠蠕动，从而减少水分的过度吸收而缓解便秘症状。

（3）抑制癌症的发生和发展　双歧杆菌细胞能够吸附食物中的致癌、致畸、致突变物质，从而保护机体细胞免受这些毒害物质的损害。双歧杆菌可通过调整肠道正常菌群，抑制肠道腐败菌生长，从而减少一些肠源性致癌物的产生。此外，有研究还发现双歧杆菌能激活机体巨噬细胞的吞噬活性，有助于抑制肿瘤细胞。双歧杆菌还可通过诱导肿瘤细胞凋亡而达到抑制肿瘤生长的作用。

（4）保护肝脏作用　人体肠道有害菌产生并释放内毒素进入血液中，会对肝脏造成损伤。双歧杆菌制剂可以抑制产生内毒素的有害菌数量，从而对肝脏患者起到良好的保护治疗作用。国内有医院采用双歧杆菌制剂对多例慢性肝炎患者进行治疗，发现患者肝功能明显改善。

（5）促进人体对乳糖的消化　双歧杆菌等乳酸菌对牛乳乳糖进行发酵而制备成发酵酸乳，可以有效缓解乳糖不耐症。

（6）双歧杆菌的营养作用　双歧杆菌在人体肠内发酵后可产生乳酸和醋酸，能提高机体对矿质元素如钙、铁的利用率，促进铁和维生素D的吸收。双歧杆菌发酵乳糖产生的半乳糖，是构成脑神经系统中脑苷脂的成分，与婴儿出生后脑的迅速发育生长有密切关系。双歧杆菌还可以产生维生素B_1、维生素B_2、维生素B_6、维生素B_{12}及丙氨酸、缬氨酸、天冬氨酸和苏氨酸等人体必需的营养物质，对人体具有重要的营养作用。

3. 粪链球菌

粪链球菌又称为粪肠球菌，是革兰阳性球菌，其菌体形态为链球或球状，兼性厌氧，耐性强，生长适应温度范围较广。粪链球菌分布广泛，存在于人和动物的粪便中，是人和动物肠道内主要菌群之一，能产生天然抗

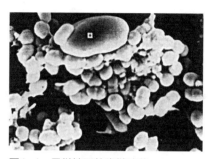

图1-4　显微镜下的粪链球菌

生素，有利于机体健康。粪链球菌还能产生细菌素等抑菌物质，抑制大肠杆菌和沙门菌等病原菌的生长，改善肠道微环境，并能抑制肠道内产尿素酶细菌和腐败菌的繁殖，减少肠道尿素酶和内毒素的含量，使血液中氨和内毒素的含量下降。

粪链球菌是被国际上广泛认可的饲用微生物，也是微生物青贮接种剂专用的主要菌种之一。它制成的微生物制剂直接投喂养殖动物后，有利于改善动物肠道内微生态平衡，防治动物肠道菌群区系紊乱，并有分解蛋白质为小肽、合成B族维生素等功效。粪链球菌还能促进养殖动物的免疫反应，提高抗体水平，增强巨噬细胞的活性。作为一种益生菌，粪链球菌在医学、食品工程和畜牧业领域得到广泛应用。另外，粪链球菌为消化道内正常存在的一类微生物，在肠黏膜具有较强的耐受性和定植能力，并且是一种兼性厌氧的乳酸菌，与培养和保存条件苛刻的双歧杆菌相比，更适合于生产和应用。

三　益生菌如何发挥功能作用

1. 与病原菌竞争抑制

人体肠道是人体最大、最复杂的微生态系统，其中存在着大量细菌，且多数为幼年获得。不同的细菌之间通过拮抗和共生关系，以及微生物与宿主之间的相互作用关系，达到消化道微生态系统的平衡，对于阻止肠道菌群紊乱和致病菌感染非常重要。这种平衡关系如被打破，就会引起菌群失调，给肠道致病菌及条件致病菌的生长提供机会，造成肠道疾病的形成。由肠道致病菌引起的疾病有慢性胃炎、胃溃疡、腹泻类疾病、慢性肠炎等，临床上通常使用抗生素类药物对这类疾病进行治疗，长期治疗有可能会增加致病菌的耐药性而使病情加重。所以，采用无残留、不产生抗药性、无毒副作用的益生菌制剂治疗肠道疾病，无疑具有广阔的应用前景。

目前对临床应用益生菌抑制致病菌引起的肠道疾病，其作用机制并不十分清楚。多数学者认为，益生菌在临床治疗肠道致病菌引起的肠道疾病方面，其机制主要涉及以下几点：第一，益生菌与致病菌竞争黏附位点，阻断或抑制致病菌和受体的结合，抑制肠道致病菌定殖生长；第二，益生菌在人体肠道内形成一个屏障，抑制病原菌的入侵，这是产生益生作用的一个重要机制；第三，益生菌产生的代谢产物抑制肠道致病菌的生长繁殖，例如乳杆菌产生大量的短链脂肪酸（乳酸、乙酸、丙酸等）、脂肪酸、过氧化氢、细菌素或多肽等物质，抑制致病菌的生长，进而制止致病菌对肠上皮细胞的黏附作用。

2. 分泌消化酶和营养物质

益生菌代谢产生消化酶，有助于降解食物中的蛋白质、脂肪和碳水化合物，加强宿主体内的营养代谢。一些益生菌还可产生必要的生长因子。人体肠道内的益生菌还能代谢产生有机酸，使肠道pH下降，有利于铁、钙、维生素D等营养物质的吸收。

上海理工大学杭宜岭研究团队筛选出一株同时具有耐酸、耐胆盐、高黏附以及抗炎能力的乳酸菌（编号AR281），通过动物试验，证明这株乳酸菌对机体钙磷吸收具有显著的调节作用。缺钙是引起骨质疏松的重要原因，现今人们的饮食中也注意补钙，但不见成效，为什么？关键在于吸收。肠道内正常菌群将钙"溶解"了，更有利于吸收。部分益生菌还可以合成B族、K族维生素，有助于机体的正常生理代谢。许多益生菌本身就含有大量的营养物质，如光合细菌富含蛋白质，粗蛋白质含量高达65%，还含有多种维生素、微量元素和辅酶等。

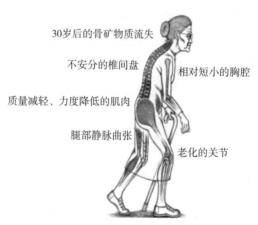

30岁后的骨矿物质流失

不安分的椎间盘

相对短小的胸腔

质量减轻、力度降低的肌肉

腿部静脉曲张

老化的关节

图1-5　益生菌能促进钙的吸收

3. 改善宿主免疫系统

　　益生菌通过调节肠道生态系统影响宿主的免疫系统，从而对疾病的预防和治疗产生有益效果。益生菌可以提高内源宿主的防御机制，除了起稳定微生态环境这一非免疫调节作用外，还可以通过提高机体的体液免疫水平来增进机体免疫防御机能，同时也能增强宿主对病原的非特异性免疫，并辅助免疫清除，调节宿主对潜在病原的免疫调节作用，减弱宿主对过敏原的过敏性反应。

4. 提高宿主抗病毒能力

　　对益生菌的应用研究已持续数十年，其安全性也是认可的。但益生菌抗病毒作用的机制还有待进一步证实。结合最新的研究成果，对其抗病毒作用机制简单概括如下：①在细胞外，它们可以通过病毒吸附抑制病毒感染；益生菌能结合肠细胞表面的病毒受体，通过竞争抑制作用阻止病毒吸附。②益生菌也可以通过促进细胞自动调节，刺激固有或获得性免疫，抑制炎症，间接干扰病毒导致的病理过程。③还有一种机制可能是抗病毒状态的发展，或者细胞在病毒攻击以前与益生菌长时间的共同作用，使细胞在感染病毒后快速进入抗病毒状态。

第二部分

益生菌
与人类健康

2

一 益生菌与人体免疫力

益生菌对免疫系统的调节作用，普遍认为是通过竞争肠道内的营养成分、干扰致病菌在肠道内的定植、竞争肠道上皮细胞结点、产生细菌素、降低结肠pH，以及对免疫系统非特异性刺激来调节免疫系统的。益生菌能够刺激宿主对微生物致病菌的非特异性抵抗力，并帮助宿主将病原菌从体内清除。益生菌可以通过稳定肠道微生物环境和肠道屏障的通透性来缓解炎症，也可通过改善肠道免疫球蛋白A和炎症反应来提升免疫屏障功能。

（一）益生菌提高免疫力的作用机理

1. 菌群屏障作用

动物的先天性或非特异性免疫应答，即机体免疫识别和排除各种异物，主要依靠机体的屏障作用，包括正常细菌、机体的皮肤黏膜、补体等体液因子的抑菌、杀菌、溶菌作用和吞噬细胞的吞噬作用等。不难看出，正常菌群在机体的屏障作用中起着极为重要的作用。

2. 黏膜免疫作用

分泌型球蛋白（SIgA）是黏膜免疫的主要效应因子，可有效中和黏膜上皮内的病原体，形成免疫复合物排出体外，在局部的抗感染过程中起着关键的作用。嗜酸性乳杆菌可以在肠黏膜免疫中发挥重要的免疫监视功能。口服干酪乳杆菌能增强宿主的黏膜免疫反应，促进肠道分泌免疫球蛋白，即使饲喂低剂量的干酪乳酸菌也能促进SIgA的分泌。短双歧杆菌能促进小肠淋巴组织集合B细胞增生诱导淋巴组织，集合浆细胞产生大量的SIgA，进而增强机体的免疫功能。

3．促进免疫器官的生长发育

益生菌能促进机体免疫器官的生长发育、成熟，增加T淋巴细胞和B淋巴细胞的数量，T淋巴细胞接受抗原刺激后，激活、增殖和分化为成熟的T淋巴细胞，执行细胞免疫功能。B淋巴细胞接受抗原刺激后，激活、增殖和分化为浆细胞，发挥体液免疫功能，从而健全全身免疫系统，提高免疫功能。

4．激活免疫因子

益生菌能明显地激活巨噬细胞活性及细胞因子介导素的分泌，增强免疫功能，提高宿主的抗病能力。这些因子在某种情况下，可以代替免疫调节剂，不仅能刺激造血活性，而且也能增强成熟细胞的功能。

5．干预细胞免疫

干酪乳杆菌和保加利亚乳杆菌可激活巨噬细胞功能，刺激机体产生免疫应答。通过增强巨噬细胞和T细胞、自然杀伤细胞（NK细胞，机体重要的免疫细胞）的活性来增强机体的免疫；巨噬细胞、NK细胞、T细胞的活化，有益于增强周围血管和局部淋巴结中淋巴细胞的免疫；T辅助细胞、NK细胞的增加，可使抑制性T细胞减少。吸附于人体的嗜酸乳杆菌具有抗菌活性，该菌种能吸附于分化的肠道细胞上，还可在体外抵抗幽门螺杆菌，杀灭入侵菌。

6. 和疫苗混合使用提高抗体水平

有关试验报道，光合细菌与传染性支气管炎疫苗（H52）混合使用，能提高鸡体内免疫球蛋白Y和传染性支气管炎病毒的特异性抗体水平。在新城疫疫苗接种前后饲用益生素，可提高血清中抗新城疫病毒血凝抑制抗菌体，延长抗体的高峰期。

7. 具有免疫佐剂活性

有专家在研究枯草芽孢杆菌的脂磷壁酸和肽聚糖磷壁酸复合物的生物活性时，发现二者均有很强的免疫佐剂活性作用。地衣芽孢杆菌的免疫促进作用，是机体经口服芽孢杆菌后，在肠道淋巴组织集合的抗原结合位点上直接作为免疫佐剂，或者通过调整宿主内微生物群（尤其是双歧杆菌菌群），间接发挥免疫佐剂的作用，提高机体的局部或全身防御功能。

菌群失调是指肠道正常菌群的种类、数量和比例发生异常变化，偏离正常的生理组合，转变为病理性组合状态。临床上以腹泻为最明显症状，其他如肠道菌群中潜在致病菌引起的内源性感染和一些过敏性疾病，如特异性反应性湿疹、过敏性皮炎和炎症性肠病等，被认为与菌群变化致肠功能损害及免疫紊乱有关。抗生素的长时间应用、大剂量应用，动物转群、去势、防疫、拔牙、断尾、外伤、感染以及环境恶化等均可引起菌群失调。

（二）益生菌对婴幼儿免疫系统的刺激作用

婴幼儿免疫系统虽已完善，但因以往未曾接触感染源，故未能建立免疫记忆反应。婴幼儿出生后免疫系统的成熟主要以Th1/Th2的免疫发展为特点，并且由外界环境来确定和改变。肠道微生物是婴幼儿免疫系统成熟最主要的动力，生活方式和饮食的改变会导致肠道菌群成分的变化。

1. 益生菌对体液免疫的影响

有科学家在一项随机双盲对照研究中发现，27名健康婴幼儿在出生后5天内口服非致病性大肠埃希菌191号2mL（每1mL悬浮液有10^8个活菌），在此期间，该组婴幼儿肠道内病原菌定植明显低于空白对照组。另外，在一项予以新生鼠嗜酸乳酸菌［每只大鼠嗜酸乳酸菌浓度（1.2×10^9）个/天］的研究中显示，连续2、5、7天3种情况，都可促使产IgA（免疫球蛋白A）细胞的数量增加，且增加量与乳酸菌量成正比。观察小肠组织学切片的肠黏膜层细胞，结果发现长期应用嗜酸乳酸菌会出现淋巴细胞总数的减少。

有学者在一项予以新生小狗喂饲肠球菌SF68（5×10^8个/天）至1岁的试验中，发现试验组（喂饲肠球菌）和空白对照组在出生后第9周注射狂犬病毒疫苗，且在第12周再注射一次之后，两组血清IgG（免疫球蛋白G）总量无明显差异，但试验组狂犬病毒特异性抗体IgG水平在注射后均明显高于对照组。有科学家认为喂饲肠球菌SF68增强了幼稚型B细胞对狂犬病毒的应答，这将增强疫苗预防狂犬病毒感染的有效性。事实上先前就有试验显示特异性抗体可以有效抑制细胞外狂犬病毒生长，并阻止此种病毒在体内细胞间的扩散。

Gronlund等对0～6个月健康婴幼儿的一项研究发现，肠道内脆弱类杆菌和双歧杆菌定植的时间越早，外周血中IgA定向细胞含量可以越早地检测到，随着肠内脆弱类杆菌和双歧杆菌数目的增加，外周血中IgA定向细胞的数量也逐渐增高。科学家认为，检测外周血中IgA定向细胞，是测定肠黏膜表面体液免疫反应的一种敏感有效的办法。由此可见肠内共生菌可以促进肠黏膜内免疫器官的发育成熟。另一项试验数据表明，用双歧杆菌饲喂后的母鼠乳汁和粪便中的分泌型Ig抗体的含量增高明显，幼鼠患轮状病毒感染的发病率也明显降低。

2. 益生菌对细胞免疫的影响

有学者研究发现，新生鼠在抗生素治疗后，予以充足的益生菌干预可以改善肠道微生态环境，从而避免因婴幼儿期使用抗生素所致的Th2免疫下调。根据Th分泌的细胞因子谱不同，将Th分为Th1和Th2亚群。Th1细胞以分泌IFN-γ、IL-2、TNF-β等促炎细胞因子为特征，与促炎反应关系密切，主要介导细胞免疫应答。Th2细胞以分泌IL-4、IL-5、IL-10等抗炎细胞因子为特征，与抗炎反应关系密切，促进抗体的产生，主要介导体液免疫反应。IFN-γ、IL-4分别作为Th1、Th2细胞分泌的特征性细胞因子，两者的平衡实际上间接反映了促炎和抗炎的平衡情况。适量的益生菌定居肠道，可以产生稳定的Th细胞应答（Th1=Th2= Th3/Tr1）并且一定程度上避免了不稳定的Th细胞应答所引发的临床疾患。

Schiffrin等曾报道，乳酸菌可以促进婴幼儿巨噬细胞的吞噬活性。由于巨噬细胞活性的增强，细胞因子分泌的增多，对免疫应答的启动及调节、确保免疫功能的稳定都有重要影响。口服干酪乳酸菌和保加利亚乳杆菌激活巨噬细胞，服用嗜酪乳酸菌和嗜酸乳酸菌激活小鼠的吞噬作用，电镜下可见巨噬细胞体积增大，伪足增多，细胞器的数量增多。

Christensen等通过流式细胞仪分析发现，相对于未喂饲益生菌的对照组，试验组新生犬喂饲后的成熟B细胞（CD_{21}+/MHC Ⅱ +）显著增加，与粪便IgA、血清中IgG和IgA增加相符合，并且试验组单核细胞活性更强，但T细胞亚群比例以及比率没有显著变化。此外，Yuki等研究在益生菌应用下自然杀伤细胞对鼠NK细胞发生的作用中指出，乳酸菌喂饲小鼠NK细胞的细胞毒活性相对于安慰剂组有明显加强，且此细胞在脾细胞中的比例也高。

有关摄入乳酸菌与宿主之间相互作用的可能机制已经得到阐明，在动物研究中通过组织切片可以看到Peyer's结中巨噬细胞吞噬乳酸菌，而且在鼠体内乳酸菌刺激巨噬细胞产生IL-12，因此乳酸菌并不需要从肠道迁移至外周血循环中就可以发挥全身作用。Sekine等报道，双歧杆菌DNA含有较高比例的、高度重复的、以非甲基化CpG为核心的免疫刺激序列（ISS），不仅能诱导B细胞增殖产生抗体，而且增加CTL反应及促使NK细胞、巨噬细胞释放IFN、IL-6、IL-12、IL-18。这些细胞因子能活化NK细胞或是促进幼稚Th细胞向Th1细胞分化，从而启动针对性的免疫反应，增强体液免疫和细胞免疫。

（三）益生菌对中老年人免疫系统的刺激作用

益生菌作为膳食补充，可以提高人体细胞免疫的部分功能，尤其是在老年受试者中，其特征表现为激活巨噬细胞、自然杀伤细胞、抗原特异性细胞毒性T淋巴细胞，以及促进各种细胞因子的表达。

Bifidobacterium lactis HN019是研究最为广泛的益生菌之一，研究显示，它能增强T淋巴细胞、PMN细胞的吞噬作用以及自然杀伤细胞的活性。在Gill的研究中，给30位老年健康志愿者服用含有*Bifidobacterium lactis* HN019的牛乳9周后，发现总的辅助（CD4+）T淋巴细胞和被激活的（CD25+）T淋巴细胞以及自然杀伤细胞（NK细胞）的总数都明显增加；而在总的T淋巴细胞中，经染色后呈CD8+（MHCⅠ-限制性T细胞）和CD19+细胞（B淋巴细胞）以及人体内白细胞抗原，包括HLA-DR+（表明携带MHCⅡ类分子的抗原呈递细胞）阳性的细胞比例在整个试验过程中保存不变。

在另一项随机双盲的、以安慰剂作为对照的试验中，给25名健康的老年受试者服用含有*Bifidobacterium lactis* HN019的益生菌牛乳。受试者的外周血单核细胞在离体培养时，受到外来刺激后对IFN-α的表达明显提高。其中，对照组的志愿者老人每天食用安慰剂（普通乳制品）180mL 2次，试验组每天食用2次180mL含有1.56×10^{11}个*Bifidobacterium lactis* HN019的活菌牛乳。试验结果表明，食用含有*Bifidobacterium lactis* 活菌牛乳的受试者，PMN细胞吞噬能力比对照组有明显提高；对受试者的饮食进行持续6周的调整，机体免疫功能发生了可以衡量的改变。另一项包括试验前、试验后以及试验中3个阶段的双盲人群干预试验中，共50名受试者被随机的分为两组。在试验的最初和最后阶段，所有的受试者都食用3周的复合型低脂牛乳，然而在试验中间的3个月中，其中一组食用含有*Bifidobacterium lactis* 的低脂牛乳，而另一组则服用含有*Bifidobacterium lactis* 的乳糖水解低脂牛乳。结果表明，与单纯食用低脂牛乳相比，食用含有*Bifidobacterium lactis*的乳糖水解（含低聚糖）低脂牛乳后，PMN、自然杀伤细胞的活性增强最明显。

益生菌可以调节非特异性的细胞免疫反应，主要表现为增强吞噬细胞活性。在一个双盲、设有安慰剂作为对照的随机交叉试验中，28名自愿受试者参与了试验过程。试验结果显示，食用含有*L. acidophilus* 74–2和*B. lactis* 420的酸乳一定时间后，显著地增强了粒细胞和单核细胞的吞噬活性。其他特定免疫指标和细胞的氧化爆发活性没有受到任何影响。低聚糖有助于菌群在人体肠道中定植，并帮助益生菌发挥生理活性功能。健康成年人在食用*L. acidophilus* Lal或者*B. bifidum*发酵制成的酸乳产品后，有效地增加了血液中白细胞的吞噬活性。

（四）益生菌免疫调节作用的途径

益生菌的存在对免疫系统是有益的，可以通过影响肠道上皮细胞表达的识别受体的类型起作用。益生菌还可以直接或间接地通过改变肠道微生物的组成或间接影响肠道微生物的活力来影响机体的免疫功能。部分益生菌还能通过增加表达IgA的细胞数量和肠道特定部位细胞因子产生细胞的数量来增强肠道黏膜免疫系统。

1. 益生菌调节肠道菌群的组成和代谢活性

目前的研究显示，经常食用益生菌发酵的牛乳能有效调节肠道微生物的组成和代谢活性。*L. casei* Shirotra菌株是广泛应用的益生菌菌株，具有良好的益生功能，并在模型小鼠试验中得到了验证。

Galdeano等分析了含有益生菌*L. casei* DN 114001的发酵乳对小鼠的肠道非特异性、先天性及获得性免疫反应的影响，表明该益生菌的细胞或菌体碎片发挥了作用，刺激了试验小鼠的肠道上皮细胞和肠道相关的免疫细胞。不同类型的免疫细胞在数量上均有所提高，包括T细胞，产生IgA的B淋巴细胞，同时参与先天免疫和获得性免疫的细胞（巨噬细胞）以及组成非特异性屏障的细胞（杯状细胞）。给模型小鼠饲喂用*L. casei*或*L. acidophilus*发酵的牛乳后，能激活小鼠的免疫系统，巨噬细胞和淋巴细胞的活性都获得增加。

2. 益生菌调节黏蛋白的表达，增强肠道屏障功能

已有科学研究报道，异常的黏蛋白表达可以影响细胞生长、分化、黏附和侵入。黏蛋白与肿瘤的形成和免疫监视有关。一些益生菌已被证实可以通过刺激肠上皮细胞分泌黏蛋白，参与宿主的肠道屏障功能。体外试验研究也表明，*L. plantarum* 299V和*L. rhamnosus* GG增加了肠道上皮细胞分泌黏蛋白，从而阻断致病微生物黏附到肠上皮细胞。

3. 益生菌对肠道渗透性和 Th1/Th2 平衡的调节

益生菌可以调节肠道渗透性，增加肠道的屏障功能。肠道渗透性的增加会导致肠腔内的抗原（包括肠道微生物群）异位，进入循环系统。这种异位会导致黏膜免疫应答，并可能进一步导致慢性炎症。黏膜免疫系统的主要功能之一是对肠腔抗原发生有限的炎症反应，即受到外来侵染时，由细胞浸润和供血增加引起局部红肿，这是免疫应答的初步反应。如果这种免疫应答的强度进一步提升，可以导致被感染部位组织的破坏。这种局部免疫应答状态的控制主

要通过调节Th1/Th2平衡来完成，益生菌可以以菌株特异性和剂量效应的方式增加与Th2免疫应答相关的细胞因子的表达，如IL-2、TGF-β、IL-6等，使Th1/Th2平衡更有利于Th2免疫应答。

部分益生菌如 *L. rhamnosus* GG、*L. gasseri*（PA16/8）、*B. bifidum*（MP20/5）和 *B. longum*（SP07/3）的DNA，可以对某些过敏原在一定程度上按剂量效应的方式调节其宿主的Th1/Th2反应，调节作用中超过50%的贡献来自于其DNA。益生菌对Th1/Th2应答调节作用的强度在健康人群或过敏患者中存在明显的差异。

（五）益生菌免疫调节作用的应用

1. 抗感染作用

食用益生菌后，免疫系统在控制感染上更有效。摄入乳杆菌属和双歧杆菌属的细菌诱导肠道菌群的变化，抑制致病微生物在胃黏膜上的黏附，可以改变菌群，阻止抗生素相关的腹泻、梭菌相关的腹泻及肠道炎症。细胞调节免疫和肠道微生物菌群与宿主抵制细菌感染有关。给试验大鼠口服活的 *L. casei* Shirota YIT 9029，可以增强宿主对李斯特菌感染的抵抗力，减少肠道、脾脏和肝脏中李斯特菌的数量。食用含有 *L. acidophilus* 和 *Bifidobacterium* 活菌的酸乳制品，可以增强黏液和系统IgA对霍乱病毒免疫原的反应。与服用不含益生菌的牛乳相比，服用含有益生菌 *L. casei* 和 *L. acidophilus* 的酸乳可显著增加IgA。

2. 在预防过敏反应和肠道肿瘤方面的作用

科学研究表明，益生菌可以通过调节免疫反应，阻止肠道之外、其他部位肿瘤的形成。NK细胞活力的提升或下降与肿瘤的发病呈负相关关系。口服*L. casei* Shirota可以阻止肿瘤的发生并诱导IgE的产生。在试验动物中也发现，服用益生菌导致NK细胞的活性升高，具有抑制肿瘤形成的作用。给小鼠食用含有益生菌的酸乳后，炎症反应的降低归因于服用益生菌后抑制了肠道肿瘤的形成。益生菌通过增加IgA、T细胞和巨噬细胞的活性，从而抑制肠道肿瘤的发生。在动物中，益生菌还可以通过抑制由突变剂引发的DNA破坏，减少直肠癌的发病风险。

二　益生菌与肠道健康

人体的胃肠道是人体的第二大脑，它的健康状况影响着人体的喜怒哀乐，我们在日常生活中的饮食习惯都会不知不觉影响着肠道。根据调查显示，每10个中国人中就有1人受便秘困扰，70%的国人存在不同程度的胃肠不适，大肠癌在我国所有肿瘤的发病率中排名第五。然而日常生活中，肠道的健康却经常被人忽视。很多上班族为了工作长期熬夜、吃饭不规律、饮食不均衡，久而久之身体就出现各种问题，像便秘、脸色暗淡、长痘，腰间赘肉等。其实这些都是肠道问题在从中作梗。

健康人的胃肠道内栖居着数量巨大、种类繁多的微生物，这些微生物统称为肠道菌群。肠道菌群按一定的比例组合，各种菌间互相依存、互相制约，在质和量上形成一种生态平衡。处于健康状态的动物，消化道内存在有一定数量的有益微生物，以维持消化道内的生态平衡和养分的消化吸收。动物若处于生理环境应激时，就有可能造成消化道内微生物区系紊乱，致病菌大量繁殖，出现临床病态。所以，益生菌在维持肠道菌群平衡或胃肠道健康中起着至关重要的作用。

人体胃肠道是益生菌定植并发挥作用的主要场所，益生菌在肠道微环境中进行代谢活动，影响人体的食物药物成分

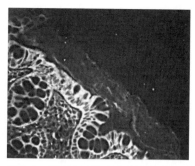

图2-1　健康人体的大肠壁被黏膜覆盖阻止细菌入侵

代谢、细胞更新、免疫反应等诸多生理活动。大量的试验数据和临床案例证实了益生菌对胃肠道健康的积极作用。益生菌具有缓解便秘和乳糖不耐受症，以及减轻术后综合征的疗效。临床试验还显示，益生菌可以改善应激性肠炎和炎性肠病。益生菌的抑菌活性可以显著减少胃肠道中的致病菌和感染性疾病的发生。体内体外试验均显示了益生菌抗结肠癌和术后肠道改善的效果。各种临床试验表明，益生菌的影响根据不同的益生菌菌株、配方、剂量和对象而异，此外，其预防效果要远远好于治疗效果。

（一）益生菌治疗各种胃肠道疾病的研究进展

益生菌在治疗或预防胃肠道疾病方面的研究是当今的热点问题。包括益生菌对肠易激综合征、感染性腹泻（包括院内感染）、炎症性肠病、坏死性小肠结肠炎、结直肠癌的发生和治疗这些疾病状态的影响，以及益生菌在降低肠道感染性疾病和过敏性疾病发生率，改善肠道功能和免疫状态等方面的作用。

1. 肠易激综合征

初步的研究证实，在肠易激综合征患者中存在肠道菌群的改变，但这种改变究竟是造成肠易激综合征发生的原因，还是肠易激综合征发生后所诱发的结果，目前尚不明确。在啮齿类动物研究中发现，益生菌能够影响肠道神经系统以及大脑信号转导，能够改善内脏痛觉反射。Mogyyedi 等人在19项随机对照研究中，对1650名肠易激综合征患者使用益生菌治疗的研究进行了综述，结果指出益生菌对症状的改善显著优于安慰剂组。

2. 感染性腹泻

在发展中国家（地区）进行的研究表明，急性感染性腹泻使用益生菌（布拉迪酵母菌、鼠李糖乳杆菌等），可以明显缩短腹泻的持续时间，对于持续性腹泻也可显著改善症状（腹泻持续时间至少缩短4天）。同时，益生菌可以降低医院内抗生素相关性腹泻、轮状病毒感染性腹泻的发生概率（发生率降低40%~60%），对儿童患者安全性较好。但益生菌对艰难梭菌感染引起的腹泻是否有效尚存争议。

3. 炎症性肠病

动物试验和机制学说证实益生菌制剂对炎症性肠病治疗有效，但临床应用上并未达到预期的效果，特别是克罗恩病。益生菌制剂在克罗恩病的治疗和复发的预防中研究的结果并不一致。而对溃疡性结肠炎，研究证实乳酸杆菌、双歧杆菌和链球菌组合的益生菌制剂可以使患者受益。尼氏大肠杆菌在轻、中、重度溃疡性结肠炎患者中使用，有助于诱导及维持缓解。

益生菌的使用可以预防储袋炎的发生，并可降低应用抗生素成功治疗后的炎症复发。炎症性肠病，与结直肠癌、胃癌、非酒精性脂肪性肝炎以及自身免疫性疾病一样，存在基因、固有菌群以及环境因素的共同影响，存在很大的异质性。所以单一固定成分的益生菌制品难以在所有患者中获得疗效。

在炎症性肠病中存在160多个基因多态性，涉及黏膜屏障功能缺陷、黏膜愈合缺陷、细菌识别缺陷、细菌杀灭缺陷、免疫调节异常等多种功能异常。对于肠道内环境紊乱的患者而言，单纯利用传统的益生菌制剂抑制有害细菌生长可能会得到事与愿违的结果，而恢复内环境的稳态，补充固有菌群，如柔嫩梭菌和芽孢梭菌等反而效果更好。例如，炎症性肠病相关基因有一类可以调节黏液糖基化，如 *Fut2* 可编码 α-1, 2-岩藻糖基转移酶，该基因异常与肠道菌群组成失调有关，在这种情况下改变肠道菌群状态、补充益生菌即可得到较好的治疗效果。

提取自益生菌或人工合成的益生菌的主要成分，能够保护整个肠道的内环境稳态，对于辅助炎症性肠病治疗也是有益的。例如，低聚果糖和菊粉就具有选择性增强肠道内生性固有菌群的生长和功能，从而减少有害细菌生长的作用，并可增加有益于肠黏膜上皮细胞代谢的短链脂肪酸的含量，有利于损伤黏膜的愈合。可见益生菌在炎症性肠病治疗中有广阔的应用前景，但仍需对益生菌的组成和如何实现个体化治疗进行进一步的研究。

4. 坏死性小肠结肠炎

与足月儿相比较，早产儿的肠道菌群组成有所不同，而这种异常将会增加早产儿罹患坏死性小肠结肠炎的可能。在坏死性小肠结肠炎患儿体内，厚壁菌门数目减少，而γ变形菌门数目增多。试验研究结果显示，联合应用乳酸菌、双歧杆菌、酵母菌和或S-嗜热链球菌组合的益生菌，可以降低坏死性小肠结肠炎的发病率并降低整体死亡率。美国儿科学会证实，极低体重儿应用益生菌制剂可以有效预防坏死性小肠结肠炎的发生，但若将其列入指南推荐条目还需要更多的试验研究，以验证益生菌有效的剂量和菌属组成。

5. 癌症和癌症辅助治疗

大量研究结果证实环境因素，如肥胖和饮食习惯等，与结直肠癌的发生密切相关。而这些环境因素又会引起肠道固有菌群的失衡。一项发表于*Nature*（《自然》）期刊的研究证实，特定大肠杆菌菌株产生的一种毒素会损伤肠道细胞的DNA，是导致宿主肠道癌变的第一步。动物试验也指出传统小鼠与无菌处理小鼠相比较，结直肠癌发病率更高且肿瘤体积更大。这些试验结果均指出肠道固有菌群与结直肠癌的发病相关，但两者之间的因果关系尚不清楚。

有学者研究指出，产肠毒素B脆弱杆菌可以靶向引起E-cadherin（钙依赖性跨膜蛋白）分解，促发肠道炎症反应，增加结直肠癌的发病风险。也有研究指出与健康人群相比较，结直肠癌患者肠道菌群密度减少、组成改变、具核梭杆菌数目增多。动物试验证

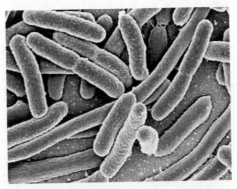

图2-2 特定大肠杆菌菌株或同肠癌存在关联

实，益生菌对癌前病变和肿瘤有一定疗效，其潜在机制可能为改变肠道固有菌群及其代谢、改变肠道pH、降低某些癌基因的活性、增强机体免疫应答、减轻肠道炎症、降低上皮增殖速度并促进凋亡等。

生物标记研究指出，合生元益生菌可以减轻粪便在水中代谢产物引起的基因毒性损伤。目前的研究一致认为，合生元益生菌制剂在影响和改变结直肠癌发病风险方面，比单一的益生菌或益生元制剂效果要好。对肿瘤治疗而言，益生菌制剂有助于减轻肿瘤放疗和化疗的副作用。动物试验中发现给无菌小鼠或使用抗生素处理的荷瘤小鼠食用益生菌和益生元制剂，更容易对放疗产生耐受。鼠李糖乳杆菌可以通过 TLR2-、COX2-、MyD88 依赖模式减轻肠道损伤和促进肠上皮细胞凋亡。

6. 研究益生菌制剂保健作用的挑战

基础研究结果展现出诱人的前景，但在研究成果向有效应用产品转化的过程中仍存在很多问题。如成果转让和技术转化的监管问题，这一领域就涉及怎样设计人群的临床试验研究，才能开发出具有重大科学意义的相适应产品；对于不同的疾病或不同的人体状态，怎样的益生元益生菌组成配比和剂量能获得最大的收益等，都是亟需解决的问题。益生菌引起的健康人群有意义的生理变化，也需要更好的定义及测量方法。益生菌产品对人群生活质量影响的指标效应评估、广泛使用的安全性和有效性、对社会经济的影响都需要在纳入各种推荐指南前，进行更严谨更有效的基础及临床试验研究。

（二）益生菌促进胃肠道健康的机制

1. 肠道屏障作用

肠道屏障和胃肠微生物是保证肠道健康的两个主要因素。肠道屏障是机体抵御病原微生物和食物变应原进入肠道的第一道防线，肠道屏障功能可以维持肠道上皮细胞的完整性，从而发挥肠道上皮细胞对生命体的保护作用。一旦这种屏障功能受到干扰，细菌和食源性抗原就容易抵达黏膜下层，引发炎症反应，从而导致肠道功能紊乱。益生菌能保护这道防线，益生菌刺激肠上皮黏蛋白的产生，促进肠上皮细胞分泌β防御素，增强肠道上皮细胞的自我保护能力。同时，增加紧密连接蛋白对上皮细胞层的作用，从而抵抗病原对上皮细胞紧密连接的破坏。

益生菌能调节肠道上皮细胞的功能。肠道上皮细胞识别肠道菌群后，释放淋巴细胞生成素（TSLP）、TGF-β和IL-10等，直接影响树突状细胞分泌前炎症因子。菌群刺激信号可以促进I型调节性T细胞（Tr1）、Th2和Th3细胞，抑制炎症反应，维持肠道免疫稳定，其可能的作用机制包括：①益生菌作用于肠道紧密连接复合物，调节肠道的通透性，维持肠道机械屏障功能；②调节和预防上皮细胞凋亡；③诱导细胞核内保护基因表达增强，减少促炎症反应基因表达，从而起到免疫调节作用；④减少活性氧族增殖的信号传导。

2. 调节宿主的免疫功能

除了增强物理屏障作用，共生菌和补充的特殊益生菌能够增加小肠黏液的分泌，促进免疫屏障功能。细菌和免疫系统相互作用，细菌的衍生物（如代谢产物）能与肠细胞和免疫活性细胞产生应答。共生菌不同于病原菌，不被肠道内的巨噬细胞杀灭，而不引起肠道黏膜的免疫反应。同时，树突状细胞摄取共生菌，将其转运至肠系膜淋巴结，这些摄取共生菌的树突状细胞能诱导特异性M细胞的局部免疫应答，产生分泌性IgA。这种由共生菌和益生菌刺激产生的特异性局部免疫，不引起宿主全身和黏膜的炎症。

另外，通过调节免疫细胞生成促炎反应细胞素或抗炎反应细胞素，益生菌也可以实现免疫调节。在健康的受试体中，益生菌可引起抗炎症反应的IL-10合成，从而抑制肠道微生物刺激产生的CD4+T细胞分泌促炎症反应物质IFN-γ、IL-6和TNF-α。长期服用益生菌发酵乳可以增强小鼠肠膜的免疫反应。

3. 产生抑菌物质

大多数益生菌，尤其是乳酸菌，耐酸、适应肠道生态环境，便于在人畜肠道内繁衍增殖。在健康人畜的肠道中，各种细菌的种类、数量和定植部位是相对稳定的，它们互相协调，互相制约，共同形成一个微生态系统。

益生菌在肠道生长过程中会产生抑菌物质，这些抑菌物质主要有细菌素、乙酸、乳酸、过氧化氢和胞外糖苷酶。细菌素作为一种抗菌肽，可由嗜酸乳杆菌、乳酸球菌、植物乳杆菌等多种益生菌产生。有研究显示，乳酸杆菌和双歧杆菌产生的细菌素对葡萄球菌、梭状芽孢杆菌、沙门菌、志贺菌等有抑制作用。罗伊乳杆菌产生的细菌素能阻止革兰阳性菌、革兰阴性菌、酵母及真菌的增殖。乳酸菌在肠道内会产生大量的乳酸、乙酸，使肠内处于酸性环境，对致病菌有抑制作用。同时，乳酸菌产生的过氧化氢对病原菌和腐败菌也有抑制和杀灭的作用。

4. 抑制肠道病原菌的入侵和定植

益生菌与致病菌竞争肠道黏膜表面的结合位点，然后定植于肠道内，这可能是益生菌发挥其功能的机制之一。由于肠道定植是微生物与肠道上皮细胞相结合，所以能否黏附于肠黏膜表面是一个重要的因素。益生菌可以与致病菌竞争肠道上皮细胞的结合位点，从而阻止致病菌在肠道内定植。

研究显示，嗜酸乳杆菌、植物乳杆菌、长双歧杆菌等都可以与鼠伤寒沙门菌、大肠杆菌等致病菌竞争上皮细胞表面的结合位点。幽门螺杆菌的黏附也可被益生菌抑制。研究显示，唾液乳杆菌使胃上皮吸附的IL-28释放，阻止幽门螺杆菌的感染。此外，乳酸菌能分泌蛋白质类似物，这些物质不仅可以抑杀致病菌，还可以有效阻止致病菌与胃肠道上皮细胞的黏附。

近30年来，益生菌制剂的研制取得了较大的进展，并广泛应用于临床研究，借以调节人体内微生态群落或种群结构，保持菌群平衡，促进内环境的稳定，提高宿主的健康状态，对消化系统疾病的防治起到一定的作用。益生菌制剂可以直接或间接地通过调节内源性的微生态系统或免疫系统作用于肠道，以不良反应小、治疗效果显著、适合长期服用等优点备受消费者的青睐，因此，在治疗胃肠道疾病方面正突显其难以替代的作用。

三　益生菌与肥胖、糖尿病

（一）肥胖与糖尿病的根源

人体肥胖是由脂肪体积的大小和脂肪数量来决定的，而人体成年后脂肪数量恒定，一般性减肥只能减小脂肪体积，而不能减少脂肪细胞，因此容易反弹。

肥胖也存在多种因素作用。

①遗传因素。有人认为肥胖与遗传有密切关系，原因是因遗传使能量代谢降低，进食过多而致肥胖。据国外报告，父亲或母亲双方有一方肥胖者，子女肥胖的可能性为40%～50%。父母双方肥胖，其子女约70%～80%肥胖，尤其是母亲肥胖更为明显。据研究，同卵双生儿在同一环境中生长，体重近似。然而不在同一环境中生长，其体重差异也小于异卵双生儿的差异，亲生儿女的体重同父母的体重是密切相关的。这都说明遗传因素在肥胖病发病中确实有一定的影响。

②饮食因素。热量摄入过多，尤其是高脂肪饮食是造成肥胖病的主要原因。脂肪进入血液后，一部分通过氧化而供给身体活动所需要的热量，一部分作为细胞的组成部分，还有一部分转化为其他物质，多余的便储存起来。

③活动因素。散步每分钟消耗12.2kJ（2.9kcal）能量，跑步每分钟消耗37.8kJ（9kcal）能量，而坐时每分钟仅消耗7.98kJ（1.9kcal）能量，因此长期不活动与运动少是肥胖发生的另一个原因。

此外，性别与职业因素、年龄因素、精神因素、代谢因素、内分泌因素、睡眠因素等均会造成肥胖。

糖尿病是一组以高血糖为特征的代谢性疾病。高血糖则是由于胰岛素分泌缺陷或其生物作用受损，或两者兼有引起。随着时间推移，糖尿病可能会损伤各种组织，特别是对眼、肾、心脏、血管、神经的慢性损害和功能障碍。糖尿病可分为1型糖尿病和2型糖尿病。1型糖尿病发病年龄轻，大多<30岁，起病突然，多饮多尿多食，消瘦症状明显，血糖水平高，不少患者以酮症酸中毒为首发症状，血清胰岛素和C肽水平低下，ICA（胰岛细胞抗体）、IAA（胰岛素自身抗体）或GAD（谷氨酸脱羧酶抗体）抗体可呈阳性。单用口服药无效，需用胰岛素治疗。2型糖尿病常见于中老年人，肥胖者发病率高，常可伴有高血压、血脂异常、动脉硬化等疾病。起病隐袭，早期无任何症状，或仅有轻度乏力、口渴，血糖增高不明显者需做糖耐量试验才能确诊。血清胰岛素水平早期正常或增高，晚期低下。

糖尿病的发病原因有：①遗传因素。1型或2型糖尿病均存在明显的遗传异质性。糖尿病存在家族发病倾向，1/4～1/2患者有糖尿病家族史。临床上至少有60种以上的遗传综合征可伴有糖尿病。1型糖尿病有多个DNA位点参与发病，其中以白细胞抗原基因中某一特异位点多态性关系最为密切。2型糖尿病已发现多种明确的基因突变，如胰岛素基因、胰岛素受体基因、葡萄糖激酶基因、线粒体基因等。②环境因素。进食过多，体力活动减少导致的肥胖是2型糖尿病最主要的环境因素，使具有2型糖尿病遗传易感性的个体容易发病。1型糖尿病患者存在免疫系统异常，在某些病毒如柯萨奇病毒、风疹病毒、腮腺病毒等感染后，导致自身免疫反应，破坏胰岛素β细胞。

（二）益生菌改善肥胖、预防糖尿病

1. 益生菌改善肥胖的机制

①抑制食欲，增加饱腹感：益生菌可以通过刺激CCK、GLP-1等饱腹因子的释放，以及减少胃促生长激素的分泌，从而减少食物摄入，降低体重和脂肪的蓄积。

②降低胆固醇：益生菌可以通过同化作用以及共沉淀作用减少胆固醇的吸收（益生菌能使胆固醇转化为人体不吸收的粪甾醇类物质，从而降低胆固醇水平）。

③调节肠道菌相：益生菌进入肠道后，使失衡的肠道菌相正常化（厚壁菌门减少，拟杆菌门增加），降低肠上皮细胞的通透性，减少循环中脂多糖的含量，减少炎症因子，进而提高胰岛素敏感性。

Tabuchi等的研究表明，给糖尿病小鼠口服乳酸杆菌后能降低血浆葡萄糖水平和延迟葡萄糖耐量的发展。Martin等给无菌小鼠一次性口服婴儿粪便，随后每天给予乳酸杆菌变性酪蛋白和乳酸杆菌鼠李糖的混合物，发现益生菌能增加胆汁酸的肠肝循环，刺激糖酵解，调节氨基酸和短链脂肪酸的代谢。Cani等发现，在小鼠肠道中选择性地增加双歧杆菌会减少全身性炎症和肝炎的发生，可能是通过防止肠道通透性和细菌迁移实现的。

低聚糖（低聚果糖、菊糖、半乳糖苷、乳果糖）能刺激肠道菌的生长与活性，Cani等对参与试验的志愿者给予2周的低聚果糖摄入，能增加试验者在用餐时的饱腹感，减少对食物的渴望，每天热能的摄入量比平时显著降低。将益生菌和低聚糖联合使用可改变肠道菌群的状况以治疗肥胖，二者联用，可减少热能的摄入量，减少脂肪的蓄积，增加饱腹感和能量的消耗，从而取得较好的治疗效果。

2. 益生菌预防及改善糖尿病的机制

益生菌可以调节血糖代谢。益生菌对糖尿病宿主的葡萄糖内稳态的改善作用主要表现在两大指标：初级指标和次级指标。初级指标包括糖尿病的发生、空腹血糖、餐后血糖、糖化血红蛋白、胰岛素、胰岛素敏感性和胰岛素抵抗；次级指标包括炎症标志物、血脂、体重和能量摄入。这些指标归纳起来主要是血糖、胰岛素、炎症标志物、血脂、体重等几个方面。

在对高糖饮食诱导的2型糖尿病大鼠模型的研究中发现，含有干酪乳杆菌和嗜酸乳杆菌的乳酸菌制剂，可以显著降低模型大鼠的血糖浓度、血浆胰岛素、血浆胆固醇、低密度脂蛋白等2型糖尿病的症状。研究发现，糖尿病患者体内也存在肠道菌群紊乱的现象，益生菌通过调节肠道菌群，有益菌会更多地附着在肠道上皮细胞上。益生菌可以抑制宿主胃肠道对葡萄糖的吸收，从而降低血糖水平。益生菌还通过吸收葡萄糖进入菌体内，来减少宿主的吸收。

另外，益生菌可以降低循环中脂多糖的浓度，减少炎症反应，提高胰岛素敏感性，改善胰岛素抵抗，进而达到预防糖尿病的目的。益生菌调节血脂的作用可能与其调节和利用内源性代谢产物并且加速短链脂肪酸代谢有关。如双歧杆菌、乳杆菌的微生态制剂，可使胆固醇转化为人体不吸收的甾醇类物质，从而降低胆固醇水平。还包括益生菌本身的同化作用，将肠道内的胆固醇同化，组成益生菌体的细胞膜或细胞壁，达到降低胆固醇的效果。

Gilliland等提出乳酸菌在生长过程中通过降低胆盐、促进胆固醇的分解代谢，从而降低胆固醇含量的观点。再如嗜酸乳杆菌和菊粉的合生元制剂，可以通过改变脂质运载体来降低人体血浆总胆固醇和低密度脂蛋白胆固醇。植物乳杆菌ST-Ⅲ和干酪乳杆菌BD-Ⅱ具有降低大鼠血清胆固醇的作用。相关研究表明，ST-Ⅲ能提高大鼠高密度脂蛋白胆固醇并控制或减轻其体重。

一项对健康人的研究表明，摄入植物乳杆菌可以提高紧密连接蛋白的表达，从而提高肠道的完整性（益生菌对肠道的保护作用，可有效控制糖尿病发生的风险）。口服复合益生菌产品，通过降低胰岛炎症的严重程度起到了免疫调节作用，从而阻止了1型糖尿病的发展。

康奈尔大学John March及其同事将基因改造后的大肠杆菌产生促胰岛素分泌肽，触发培养皿中的人类肠上皮细胞产生胰岛素，并喂食这种转基因细菌，可降低糖尿病小鼠的血糖水平。英国雷丁大学Gibson等研究发现，给糖尿病小鼠喂食低聚果糖，可显著增殖高脂饮食诱导的糖尿病小鼠肠道内的双歧杆菌，修复受损的肠道微生态，降低内毒素水平。同时，低聚果糖使糖尿病小鼠空腹胰岛素降低，餐后胰岛素分泌增加，胰岛素抵抗得以缓解。

四　益生菌预防癌症、抑制肿瘤

（一）益生菌预防肿瘤作用的研究进展

微生物与肿瘤的关系早就为人所知。1911年，Avian Rous sarcoma virus（RSV）成为第一个被证实的肿瘤病毒。20世纪60年代发现的EB病毒是第一个证实的人类肿瘤病毒。幽门螺杆菌也被世界卫生组织定义为一类致癌原。由于器官和位置的不同，微生物的群落和数量也不尽相同，这些差异可能是造成癌症发生和癌症发生在器官内特定位置的原因。例如，大肠中微生物密度比小肠高得多，其癌症发病率就较高。在胃肠道，管腔中和黏膜部位菌群也是不同的。虽然许多器官，例如肝脏，不包含已知的微生物，但它们可能通过与肠解剖部位相连而暴露于微生物相关分子和细菌代谢产物环境下。实际上微生物和癌症之间的关联非常复杂，有些微生物可以促进癌细胞增殖，另一些微生物却会保护机体抵御癌症生长。尽管大多数研究显示了细菌菌群的促肿瘤作用，但也有研究观察到了益生菌的抗肿瘤作用。

1. 调整肠道菌群

肠道微生物紊乱与结肠癌发生发展密切相关。结直肠癌患者的粪便菌群与常人有明显差异，这种菌群种类与相对密度的变化可能影响机体黏膜免疫反应。益生菌可以改善肠道菌群，从而降低由某些微生物产生的某些酶，如葡萄糖醛酸酶和硝基还原酶。这些酶能把肠道前致癌物转换为致癌物。

研究证明，补充益生菌，如乳酸杆菌、双歧杆菌和婴儿双歧杆菌，可以抑制结肠癌的发展进程。肠道菌群的变化也能够使未消化的碳水化合物被细菌发酵产生的短链脂肪酸改变。微生物衍生的短链脂肪酸通过基因的调控，调节涉及肠道动态平衡宿主基因的表达以及癌变。报道显示，保加利亚乳杆菌的 *Salivarius* REN 菌株可调节结肠菌群结构和肠腔代谢，并预防二甲基肼诱导的大鼠早期大肠癌。Zitvogel 等认为，肠道内特定类型的细菌参与了微生物的抗肿瘤效应，为了验证这一猜想，他们将特定的微生物（脆弱拟杆菌和或多形拟杆菌与伯克菌）定植到无菌小鼠肠腔内，结果显示，肠道菌的再生能够增强免疫检查点抑制剂的疗效。

2. 益生菌及其细胞组分具有免疫调节作用

由于共同黏膜免疫系统的存在，益生菌和发酵产品的口服给药可以影响人体不同的黏膜部位。肠道受刺激后，B细胞和T细胞可以从淋巴结迁移到呼吸系统、胃肠道、生殖泌尿道的黏膜以及外分泌腺，如泪腺、唾液腺、乳腺和前列腺。

多个动物试验研究表明，益生菌能够通过调节宿主免疫系统，发挥潜在的预防结直肠癌的作用。小鼠灌胃给予益生菌干酪乳杆菌CRL431，能激活乳腺免疫系统发挥抗肿瘤作用。益生菌能刺激免疫系统发生高水平的巨噬细胞活化，产生高水平的肿瘤坏死因子-α。共生的双歧杆菌能提高机体抗肿瘤免疫力，并提高抗程序性死亡受体-配体1肿瘤免疫疗法的效果。针对细胞毒T淋巴细胞相关抗原4的抗肿瘤免疫疗法也依赖肠道微生物。很多研究报道了益生菌对乳腺癌的抑制作用。

有研究评估了牛乳益生菌发酵的干酪乳杆菌CRL431对乳腺癌模型小鼠的影响，发现这种益生菌发酵乳激发了小鼠对乳腺癌的免疫反应，能抑制或延缓乳腺癌形成。预防性给予益生菌产物或给予已诱发出肿瘤的小鼠益生菌产物时，也可以观察到这种效应。环磷酰胺是临床重要的抗癌药，科学家们发现环磷酰胺可改变小肠微生物群的组成，并诱导特定种类革兰阳性菌易位至次级淋巴器官，一旦到达靶器官，细菌刺激致病辅助性T细胞17和记忆Th1细胞产生免疫反应，提高环磷酰胺功效。这些研究均显示，肠道微生物可以调节机体对癌症治疗的免疫反应。

3. 益生菌通过调整菌群调控免疫细胞发挥抗炎作用

有研究表明，一种名为Prohep的益生菌混合物可使小鼠肿瘤缩小40%，这可能是益生菌将肠道微生物群落转移到具有抗炎代谢物的*Prevotella*和*Oscillibacter*等益生菌，从而降低前炎症细胞因子IL-17的产生，改善小鼠肠道中抗炎性环境来实现的。肠道微生物能调控外周的调节性T细胞，使机体在对炎症反应以及抗炎作用中取得平衡。Hughes等阐明了驱动肠道菌群失衡及炎症发生的分子机制，认为机体的微生物群落能促进消化，保护机体免于感染或者调节机体健康免疫系统的发育。而炎症会改变环境，进而干扰肠道中栖息的厌氧菌生长，促进大肠杆菌群体快速生长扩张，导致炎症性肠病或结直肠癌等疾病。

4. 通过代谢使致癌物失活

对熟食尤其是肉类饮食中致突变化合物的解毒，可能是益生菌预防结直肠癌的机制。乳酸杆菌能完全清除致癌物并抑制诱变形成，改变总体代谢，吸收和清除毒物致突变性代谢产物，并产生保护性的代谢产物。研究发现，微生物还可通过"膳食纤维–菌群–丁酸盐"轴影响肿瘤。饮食和其他环境因素可在胃肠道和其他部位调节微生物群落中某些菌株的密度。

很多研究显示，纤维的消化比其他饮食因素对胃肠微生物的影响要大，并且会增加产丁酸盐的细菌数目。一些饮食因素由共生肠道菌群代谢成具有防癌作用的生物活性成分，如膳食纤维在结肠中被细菌发酵产生丁酸盐，它是一种肿瘤抑制代谢物，是短链脂肪酸和组蛋白脱乙酰酶抑制剂，抑制结直肠癌细胞系的活性和生长。有研究显示，丁酸盐通过肠内巨噬细胞，下调炎症前细胞因子的产生。采用悉生小鼠模型研究表明，纤维可以通过微生物和丁酸盐依赖方式防止结肠癌的发生。

5. 抗氧化作用

氧化应激和上皮损伤通常与胃肠道的病理如结直肠癌（CRC）相关，所以益生菌预防癌症的另一机制是通过产生抗氧化酶，降解活性氧簇（reactive oxygen species，ROS）或减少其形成。由于大多数乳酸菌并不直接产生能降解ROS的酶，因此利用基因编码把抗氧化酶插入乳酸菌基因，可以作为抗氧化和抗炎的策略。研究发现，与对照组相比，二甲基肼诱导大鼠CRC前，给予共生的鼠李糖乳杆菌+嗜酸性乳杆菌+菊糖，能降低肿瘤发生率，这种效果与脂质过氧化物丙二醛的水平降低、谷胱甘肽还原酶超氧化物歧化酶和谷胱甘肽过氧化物酶的水平升高相关。

6. 诱导肿瘤细胞凋亡

对植物乳杆菌5BL菌株体外评价显示，其对不同人癌细胞系具有明显的抗癌活性，但对人脐静脉内皮细胞这种正常细胞无细胞毒性作用。同样，从健康能生育的伊朗妇女阴道分离的嗜酸乳杆菌36YL，对4个测试肿瘤细胞株表现出抗癌作用，而对正常细胞没有细胞毒作用，这种抗癌效应与菌体分泌物诱导肿瘤细胞凋亡有关。

（二）益生菌抗肿瘤作用分子机制的研究进展

1. 免疫激活作用

益生菌的抗肿瘤作用与其对机体的免疫激活作用分不开的。益生菌免疫激活作用的意义是多方面的，特别是在抗肿瘤作用方面显得尤为重要。多数益生菌的细胞壁主要由肽聚糖、多糖和脂磷壁酸组成。细胞壁肽聚糖的主要组分是胞壁酰二肽（MDP），MDP激活巨噬细胞释放白细胞介素Ⅰ（L-1）和白细胞介素Ⅵ（LL-6），诱导淋巴细胞产生γ-干扰素（IFN-γ），IL-1可促进T细胞分泌IL-Ⅱ和B细胞分泌抗体，还能增强自然杀伤细胞（NK）的杀伤作用。NK细胞不需要抗原的刺激，也不依赖于抗体的作用，即能杀伤多种肿瘤细胞，又在防止肿瘤发生中有重要作用。IL-6可促进B细胞分化成熟，也可直接诱导T细胞增殖，并参与T细胞、NK细胞的活化，对乳腺癌细胞、结肠癌细胞、宫颈癌细胞等多种肿瘤具有抑制作用。

2. 诱导一氧化氮的产生

一氧化氮（NO）在哺乳动物机体的物质代谢、信息传递以及防御疾病中起着重要作用。目前很多证据表明NO的诱导合成是活化的巨噬细胞杀伤肿瘤细胞的主要机制之一。Sekine等用婴儿型双歧杆菌的完整肽聚糖（WPG）和小鼠腹腔渗出细胞（其中主要含巨噬细胞）共同孵育，检测其上清液发现有大量的反应性氮中间产物，且呈剂量依赖性，这表明经WPG活化的巨噬细胞产生了大量的NO。Lonchamp等证实了双歧杆菌细胞壁的另一成分——脂磷壁酸是一氧化氮合成酶的诱导剂。

3. 对肿瘤细胞凋亡的促进

王立生等将荷瘤小鼠经过双歧杆菌作用后，发现大肠癌移植瘤组表达 Bad 和 Cas pase 的基因的表达率，以及阳性细胞密度显著增高，显示双歧杆菌增强凋亡促进基因 Bad 和 Caspase 基因的表达，是其诱导肿瘤细胞凋亡的一个途径。

在另一研究中，实验者以大肠癌裸鼠移植瘤为动物模型，用原位末端标记法、免疫组化法和电镜，检测了双歧杆菌注射组和对照组移植瘤的凋亡细胞以及 Bcl-2、Bax 基因的表达水平。结果发现，电镜下双歧杆菌注射组中可见多处处于凋亡不同时期的癌细胞，呈灶状或弥散分布，而对照组凋亡细胞数量极少。双歧杆菌注射组和肿瘤对照组大肠癌移植瘤组织 BCL-2 蛋白表达率分别为70%和90%，Bax 基因的表达率分别为100%和40%。说明青春型双歧杆菌可调节移植瘤 Bcl22 及 Bax 基因的表达，下调 Bcl-2 基因，增加 Bax/Bcl-2 的比例，最终诱导肿瘤细胞的凋亡。

有实验表明，在大肠癌裸鼠移植瘤动物模型中，双歧杆菌注射组大肠癌移植瘤 NF-κB 的阳性细胞密度明显低于肿瘤对照组。而 IκBα 的表达则相反，双歧杆菌注射组大肠癌 IκBα 的平均荧光强度显著高于肿瘤对照组。说明双歧杆菌在体内能抑制大肠癌 IκBα 的降解，进而阻止 NF-κB 的活化促进肿瘤细胞凋亡。

4. 对端粒酶的抑制

王跃等采用 PCR-ELISA 法，检测了经双歧杆菌表面分子脂磷壁酸（LTA）处理前后的 HL-60 白血病细胞株端粒酶活性的改变。发现经 LTA 处理后，HL-60 白血病细胞的生长受到抑制，端粒酶活性明显降低，说明双歧杆菌LTA对HL-60白血病细胞具有生长抑制作用，其抗肿瘤细胞的机理可能和抑制肿瘤细胞的端粒酶有关。

5．对RAS-P21诱癌蛋白的影响

Jagveer Singh等在给处理组大鼠同时皮下注射氧化偶氮基甲烷（azoxymethane，AOM）及喂饲长杆双歧杆菌（Bifido-bacteriumlongum）的冻干培养物后发现，与仅注射AOM不喂饲长杆双歧杆菌的对照组相比，处理组大鼠结肠癌的发生率、有肿瘤生长时结肠肿瘤的体积以及癌组织的多形性明显减少，并且RAS-P21（能够编码一个21ku蛋白质）诱癌蛋白的表达受到了抑制。

（三）益生菌对几种常见肿瘤的防治作用

1．结直肠癌

大量体内外试验证明益生菌对预防结肠癌有积极作用。益生菌的抗肿瘤作用在很多动物实验中得到验证。大鼠被饲养长双歧杆菌后，结肠的癌前病变（隐窝异常病灶）降低25%～50%。除此之外益生菌还对结直肠癌的进一步发展有控制作用，研究显示，虽然益生菌干酪乳杆菌不能明显降低结直肠良性肿瘤根治术后结直肠癌的发生率，但益生菌处理组发生的肿瘤异型性低，分化较好。

试验对37名结肠癌患者和43名多发性结肠息肉切除患者使用合生元SynapsinI（SYN1）、乳杆菌LGG和双歧杆菌BB12，研究发现患者粪便中保加利亚乳杆菌和乳酸菌增多，而产气荚膜梭菌明显减少。益生菌起到了增强上皮细胞屏障、减少细胞凋亡的作用，而且

多发性结肠息肉切除患者对于DNA损伤剂的暴露有所减少，细胞凋亡的时间推后。同时，合生元和益生菌的使用降低了患者外周血单核细胞和活化的辅助性T细胞所分泌的一种细胞增殖因子IL-2，增加了结肠癌患者IFN-γ的分泌。

2. 胃部肿瘤

对60例胃肿瘤患者进行研究，将这些患者随机分为4组，经微生态肠内营养的患者与常规补液肠外营养和普通肠内营养的患者相比，他们外周血内毒素肿瘤坏死因子（TNF）水平变化及淋巴细胞计数改变，粪便菌群失调情况明显改善。试验结果表明，益生菌可以增强胃恶性肿瘤术后患者的机体免疫，降低感染概率。Linsalata等发现鸟氨酸脱羧酶（ODC）和精脒/精胺N1乙酰基转移酶（SSAT）是聚胺合成和分解代谢的关键酶，这些化合物不但与癌症的发生密切相关，而且是肿瘤扩增的特定标记物。试验还得出鼠李糖乳杆菌LGG匀浆可以降低ODC mRNA的含量和活性，而且可以增加SSAT mRNA的含量和活性，从而降低聚胺的含量和肿瘤的扩增，所以LGG可作为一种预防胃肿瘤的替代疗法，并且可以克服治疗药物所带来的副作用。

3. 肝脏肿瘤

口服益生菌能减少肝癌患者介入术后并发症的发生，有一定的临床应用价值。陈玉堂等研究肝癌术后口服益生菌制剂对原发性肝癌介入治疗发现，介入术后第3天，试验组腹胀便秘的发生率明显降低。介入术后第7天，试验组腹胀便秘和感染的发生率显著低于对照组。

对中国广州90名成年男性服用益生菌预防肝癌的一项研究中表明，接受鼠李糖乳酸杆菌LGG和费氏丙酸杆菌薛氏亚种（*P. freudenreichii*）混合制剂的试验组与服用安慰剂的对照组相比，试验组人群肠道中黄曲霉毒素B1暴露的生物有效剂量明显降低，证明益生菌可以阻断肠道黄曲霉毒素的摄入，从而降低了通过食物中黄曲霉毒素的摄取增加肝癌发生的概率。

4. 乳腺癌

鼠李糖乳杆菌和膳食纤维能显著减少5-氟嘧啶治疗结肠癌产生的副作用，那么它很可能作为替代乳腺癌治疗和化疗结合时所伴随的药物止吐疗法。而且厌氧细菌偏好缺氧处的肿瘤细胞，可以使肿瘤细胞裂解死亡。这很可能成为未来研究乳腺癌治疗的新方向。另外，利用干酪乳杆菌喂养患乳腺癌的试验小鼠，结果发现干酪乳杆菌能抑制肿瘤的生长，增加迟发性变态反应的炎症效应，也就是说提高了免疫应答的效率。益生菌通过诱导宿主细胞内的NF-κB信号传导途径所产生的细胞因子，调节了免疫应答中Th1和Th2平衡，增加了迟发性过敏反应的炎症反应，所以益生菌很可能有效地辅助乳腺癌免疫疗法。

5. 膀胱癌

有研究发现患有浅表性膀胱癌的患者口服干酪乳杆菌并同时接受表阿霉素化疗的组，和只使用表阿霉素的组相比，尽管无恶化及整体生存情况无差异，但3年无复发存活率有显著的提升。试验表明，干酪乳杆菌和表阿霉素同时使用可能是经尿道切除术防止浅表性膀胱癌复发的有效方法。

五　益生菌缓解乳糖不耐受症

乳糖不耐受是由于小肠黏膜乳糖酶缺乏致乳糖吸收障碍而引起的，以腹胀、腹痛、腹泻等为主的一系列临床症状。人群研究发现，益生菌尤其是发酵乳制品，能够有效缓解乳糖不耐受症的发生，并对人体发挥多种有益的作用。

在全球70%的人群中存在乳糖消化不良的问题。在婴儿中，原发性的乳糖不耐受症几乎不存在。然而，在腹泻、急性胃肠炎和复发性腹绞痛等发病期间，小肠内的双糖酶活性会受到严重的影响，而且小肠吸收单糖的能力也会明显下降。这些情况会导致小肠的渗透压增加。在正常情况下，小肠和大肠中65%～85%的单糖与双糖可转化成容易被人体吸收的短链脂肪酸。如果肠道正常菌群被扰乱，如前述的各种疾病发病期间，那么肠道对碳水化合物的吸收不良问题就会凸显出来。*Lb. bulgaricus*和其他常用于乳品加工的乳杆菌具有充足的活性β-半乳糖苷酶，它们能明显降低产品中乳糖的浓度。Kilara和Shahani等认为，对于因内源性乳糖不足的人而言，食用含有*Lb. bulgaricus*与*S. thermophilus*活菌的酸乳可改善其乳糖不耐受症。这一研究结论被多位科学家所证实。

（一）乳糖不耐受发生的原因

1. 乳糖酶缺乏

乳糖酶缺乏是乳糖不耐受发生的基本原因，当然，还存在其他多种因素。乳糖酶分布在小肠黏膜上皮细胞最表面的刷状缘上，所以最容易遭受损伤。乳糖进入小肠后，由于缺乏乳糖酶，乳糖不能在小肠被分解吸收，未被小肠吸收的乳糖进入大肠，在结肠菌群所含酶的作用下发酵分解生成CO_2、H_2、CH_4等气体，和短链脂肪酸（乙酸、丙酸、丁酸）、乳酸及其他发酵产物。产生的气体大部分可很快弥散入血，进入肺部，并随呼气排出体外。未被小肠吸收的乳糖及其酵解产物可使肠道内渗透压明显增高，引起肠鸣、胀气、腹痛、腹泻等。根据个体摄入乳糖之后有无临床症状的出现，可分为乳糖不耐受和乳糖吸收不良两种情况。前者指摄入一定量乳糖之后出现腹痛、腹胀、腹泻等不耐受症状，而后者指有乳糖酶活性降低但未发生不适症状。在各项症状中，腹泻是负荷试验中最为客观的症状表现，它直接与乳糖消化量和结肠渗透压增加有关，因此试验根据有无腹泻症状的出现，将试验对象分组，采用双标稳定同位素技术分析不同组小肠黏膜乳糖酶活性。

2. 结肠益生菌减少

乳糖酶缺乏是乳糖不耐受发生的基本原因，但不是唯一原因。根据对受试者胃和小肠因素的分析结果，初步推论受试者摄入一定量乳糖之后出现不同严重程度症状（如无腹泻或腹泻）的主要原因，很可能与结肠菌群对乳糖的进一步代谢有关。通过乳糖不耐受者结肠菌群构成分析、结肠菌群与乳糖不耐受的关系、双歧杆菌与乳糖不耐受的关系、其他菌群与乳糖不耐受的关系等分析，表明结肠中双歧杆菌数量低与乳糖不耐受症的发生有密切关系。

（二）益生菌对乳糖不耐受者的作用

绝大多数哺乳动物出生之后，小肠黏膜乳糖酶活性较高，可以消化吸收来自母乳或其他乳制品的乳糖。断乳之后，乳糖酶活性随年龄增长逐渐下降，到成人之后其酶活性仅为正常婴儿水平的5%～10%，并发展成为乳糖吸收不良（LM）或乳糖不耐受（LI）者。LI症状出现的机制目前尚未完全了解清楚，可能与肠腔内未被吸收的乳糖升高渗透压，引起分泌到小肠内的液体增多，肠腔扩张，蠕动加快，以及结肠内乳糖代谢产物引起渗透压升高，肠蠕动加快有关。另外还与乳糖摄入量、个体敏感性、胃排空时间、肠转运时间以及结肠内的菌群构成有关。

对益生菌预防和治疗LI作用的认识是从酸乳及其传统发酵菌株开始的。酸乳根据制作工艺不同分为发酵酸乳和非发酵酸乳，发酵酸乳通过在牛乳中加入保加利亚乳杆菌和嗜热链球菌，利用乳酸的发酵作用制成。非发酵酸乳又称甜酸乳，是通过在冷牛乳中加入活的嗜酸乳杆菌，在5℃条件下存放，但细菌不发生繁殖，这种甜酸乳既具有乳糖酶活性而又没有发酵乳产物所特有的酸味。发酵过程中牛乳中的糖、蛋白质有20%左右被分解成为小的分子（如半乳糖和乳酸、小的肽链和氨基酸等）。乳中脂肪含量一般是3%～5%，经发酵后，乳中的脂肪酸可比原料乳增加2倍。这些变化使酸乳更易消化和吸收，各种营养素的利用率得以提高。

研究发现通过让LI者持续摄入发酵酸乳7天之后，其LI症状与干预前相比得到显著改善，氢呼出量降低，血浆短链脂肪酸浓度升高。但是非发酵酸乳对LI的改善作用，不同学者的研究结果并不一致。Lin等研究发现含有活的保加利亚乳杆菌的非发酵酸乳可以显著改善LI个体对乳糖的消化程度并缓解不耐受症状。但是其他学者对非发酵酸乳中益生菌作用的研究结果不一致，很可能与选择的菌株不同有关。

（三）益生菌及其发酵乳制品改善乳糖不耐受的机制

1. β- 半乳糖苷酶对乳糖有消化作用

由于酸乳中活菌的β-半乳糖苷酶的作用，牛乳中25%~50%的乳糖在发酵过程中被乳酸菌分解，使酸乳的乳糖含量降低，乳糖量低的酸乳容易被乳糖不耐受者消化吸收。发酵或未发酵酸乳中的活菌经过胃进入小肠之后，在胆酸的作用下细菌壁破坏，β-半乳糖苷酶释放进小肠消化乳糖。同时乳糖在透性酶转运系统的作用下，可以进入细菌体内被β-半乳糖苷酶分解，但这个过程相对非常缓慢。前一种机制在消化乳糖方面发挥主要作用。因此活菌数量、β-半乳糖苷酶活性、细胞壁通透性以及对胆盐的敏感性是影响益生菌改善LI的重要因素。

很多试验证据表明，酸乳中的活性β-半乳糖苷酶对改善LI症状发挥重要作用。通过比较未处理的酸乳、通过部分破坏细菌壁杀死乳酸杆菌的酸乳（含有活性的β-半乳糖苷酶）、经巴氏消毒处理的酸乳（无活性β-半乳糖苷酶）对乳糖不耐受者的作用，发现未处理过的酸乳改善LI症状的作用最明显，细菌被杀死而仍保留乳糖酶活性的酸乳作用其次，经巴氏消毒处理后的酸乳改善作用最弱。这种改善作用与其中含有的β-半乳糖苷酶活性有关。

LI个体对不同品牌酸乳耐受程度的差异也可能与其含有的酶活性不同有关。但酸乳中的β-半乳糖苷酶浓度并不直接决定乳糖的消化能力，通过比较β-半乳糖苷酶活性不同的两种酸乳，发现呼出气氢浓度相似，均低于摄入普通牛乳。通常酸乳发酵菌改善乳糖消化的能力比较强，而其他一些益生菌如嗜酸乳杆菌、双歧杆菌等虽然β-半乳糖苷酶活性很高，但因为具有较强的抗胆酸性，能够通过肠道存活而不被破坏，所以直接摄入后改善乳糖消化的能力较酸乳发酵菌弱。如果预先通过超声处理破坏这些细菌的细胞壁，那么可增强它们改善乳糖消化的作用。

2. 延缓胃排空速率，减慢肠转运时间

胃排空速率和肠转运时间的减慢可以延长小肠内残存乳糖酶消化乳糖的时间，促进分解吸收，同时还有降低渗透压的作用。有学者认为酸乳改善LI的作用主要是通过延长转运时间，他们以LI者为试验对象，比较了乳糖酶活性不同的酸乳，发现氢呼出量和耐受程度没有差异。LI个体摄入酸乳和经巴氏消毒后的酸乳后，呼出气氢浓度升高的速率均比摄入普通牛乳后减慢，而且都有改善LI症状的作用。与普通牛乳相比，发酵乳能够延长胃排空时间是因为它具有较高的黏滞度和较低的pH，并且相对于乳糖溶液产生的能量也较高。口到结肠转运时间的延长与多个因素有关，包括酸乳中的益生菌、益生菌代谢产物以及小肠上段渗透压的降低等。通过对几种乳制品进行比较，发现其胃肠转运速度的顺序依次为：牛乳最快，其次为加热后的发酵乳，最慢的为酸乳。

3. 长期摄入酸乳可改善肠道代谢内环境

关于长期摄入乳糖机体是否发生适应性变化，目前还是一个有争论的问题。大多数学者认为哺乳动物小肠黏膜乳糖酶活性是不能够被诱导的，但也有研究结果发现连续摄入乳糖可以减少氢呼出量，

缓解胃肠道症状。目前比较认同的适应性改变是指在结肠内所发生的，包括肠动力、pH、菌群变化、细菌发酵产气减少、重吸收增加，以及个体对胃肠道不适症状敏感性的改变，导致个体LI症状减轻。

研究认为持续摄入乳糖后结肠内乳酸菌形成增加，一些容易引起LI症状的细菌代谢副产物生成减少。比较乳糖耐受者或LI者摄入一段时间酸乳（含活菌）或经加热处理的酸乳（不含活菌）之后对乳糖消化或体内代谢产物的影响，结果显示LI者摄入含活菌的酸乳可以改善乳糖吸收，血中丙酸浓度增加。而乳糖耐受者摄入酸乳之后丙酸和丁酸浓度均增加。

碳水化合物在结肠内代谢产生气体和短链脂肪酸的途径不相同。葡萄糖在细菌的作用下分解生成丙酮酸盐，丙酮酸盐在不同细菌的作用下进一步分解为中间产物，如氢气、乳酸盐、乙醇、琥珀酸盐等，这些中间产物经各种细菌的作用生成各种短链脂肪酸。结肠不同细菌之间平衡的改变可能直接导致产氢量与短链脂肪酸比例的改变。摄入酸乳对LI的改善作用也可能与益生菌改变肠道代谢内环境引起产氢量减少而短链脂肪酸增加有关。

六　益生菌降血压、降胆固醇作用

（一）益生菌的降血压作用

1. 肠道菌群与高血压的关系

高血压发病机制复杂，是遗传易感性和环境因素相互作用的结果。机体调节血压的方式有肾素–血管紧张素系统（RAS）、血管激肽–前列腺素系统、血管内皮调节因子等，还包括血管的神经和体液调节。其中RAS是主要的调控途径，血管紧张素转化酶（ACE）是该途径的关键酶，催化生成血管紧张素，并可以使血管舒张因子激肽失活。但是绝大多数高血压并没有确切的病因，高血压的危险因素包括久坐的生活方式、盐敏感性、饮酒、肥胖、高胆固醇血症、糖尿病和代谢综合征等。

高血压患者需要长期服用降压药，有时根据病情常常联合用药，不可避免地会出现药物不良反应，除了药物治疗，包括饮食在内的生活方式的调整也有利于控制血压，以及研究天然的具有降压活性的物质。

有研究表明，高血压和肠道菌群失调有关，例如多样性和丰富度降低，厚壁菌和拟杆菌比率增加，并且产乙酸和丁酸的细菌数量减少，在血管紧张素Ⅱ诱导的高血压大鼠模型中，观察到同样的变化。当给予抗生素米诺环素后，可以恢复肠道菌群，降低厚壁菌和拟杆菌比率，高血压状态也得以改善。

动物试验和临床试验研究发现，给予益生菌后，宿主的血压有所降低。Khalesi等对益生菌对血压的影响做了系统性回顾，并对随机对照临床试验进行分析，共纳入9项临床试验。结果显示，与对照组相比，摄入益生菌使收缩压降低3.56mmHg，舒张压降低2.38mmHg，而多种益生菌比单一种类降压作用更明显。另外，基线血压较高，持续干预时间≥8周，每日剂量≥10^{11}CFU，对血压的影响更大。Gómez-Guzmán等研究了益生菌对原发性高血压大鼠心血管的影响，分别给予*Lactobacillus fermentum* CECT5716（LC40）、*L. coryniformis* CECT5711（K8）和*L. gasseri* CECT5714（LC9）

（1：1），剂量为每天3.3×10¹⁰CFU，干预5周后，收缩压逐渐降低，LC40组收缩压降13.4%±1.9%，K8/LC9组降低14.7%±1.9%，并且心肾肥大得到显著改善。

在另一项研究中，体外有抑制ACE作用的*Lactobacillus helveticus* H9发酵乳给予原发性高血压大鼠，7周后，收缩压和舒张压分别下降12、10mmHg。含有*Lactobacillus plantarum* DSM 15313和蓝莓的发酵制品可以明显降低血压，改善血清脂类水平和炎症因子。一些研究也证实了*Lactobacillus casei*、*Streptococcus thermophilus*可以明显降低收缩压。需要指出，益生菌的有效性与特定的菌株剂量有关，并且个体免疫遗传也是影响因素。特定益生菌或其发酵产品对降低血压有益处，这种通过改善肠道菌群的方式为高血压的营养治疗提供了一种新的途径。但是，仍然需要大规模的临床研究来确证高血压和肠道菌群失调的关系。

2. 益生菌调节血脂代谢

脂质代谢异常是高血压的主要诱因之一，越来越多的研究表明，益生菌可以降低血清胆固醇，改善血脂的组成，从而达到降低高血压的作用。有研究报道，采用天然乳杆菌发酵制得的乳制品具有降低血液胆固醇的作用。更多的研究也表明，不仅乳杆菌具有降低胆固醇血症的作用，当血液中胆固醇升高时，双歧杆菌也同样能表现出降低血清胆固醇的作用。其原因是胆固醇的合成和吸收主要出现在小肠，因此肠道菌群对宿主的脂质代谢具有重要的影响。益生菌能有效改善宿主脂质代谢异常，降低血清胆固醇水平、增强低密度脂蛋白的抗氧化性等，从而达到降低血压的作用。

科学家采用随机、交叉和安慰剂控制的方式，在志愿者中进行试验，分析了添加*L. acidophilus*和*B. longum*的酸乳降血脂作用，每日给予受试者300g酸乳，通过21周的交叉试验后得出试验结论，以高密度脂蛋白形式存在的胆固醇水平显著上升。同时，LDL/HDL胆固醇从3.24下降到2.48。Sindhu等学者采用安慰剂对照的方法，利用幼龄小鼠分析了益生菌发酵食品对血清胆固醇水平的影响，试验组动物的食物中加益生菌和1%胆固醇，对照组小鼠的食物中只添加1%的胆固醇，不含益生菌。试验结果表明，与对照组相比，投喂了*L. casei* NCDC-19和*Saccharomyces boulardii*后，试验组小鼠血清总胆固醇降低了19%，并且以低密度脂蛋白（LDP）形式存在的胆固醇降低了37%。

De Rodas等人采用安慰剂试验方法，研究了益生菌在食物诱发高胆固醇血症的猪体内的降血脂作用，试验猪每次进食时，都会摄入一定量的益生菌，经过一段时间，与对照组相比，食用*L. acidophilus* ATCC43121的猪血液总胆固醇降低了11.8%。Park等分析了益生菌对食物诱导高胆固醇血症的试验雄性大鼠的降血脂作用，经过21天试验，与对照组相比，喂食了益生菌的大鼠总血清胆固醇降低了25%，同时，低密度脂蛋白、中密度脂蛋白和以低密度脂蛋白形式存在的胆固醇水平也显著下降。

*L. acidophilus*不仅可以通过同化的方式移除介质中的胆固醇，还可以采用将胆固醇吸附到菌体细胞表面的方式来完成。这个结论建立在休止及死亡的*L. acidophilus*细胞也具有移除介质中胆固醇能力的基础上。休止及死亡的*Lactococcus lactis* subsp. lactis bv. diacetylactis N7在体外也具有将胆固醇吸附到细胞表面的作用。此外，研究表明，部分益生菌可以产生胞外多糖，这些胞外多糖包裹在细胞表面，具有吸附胆固醇的作用。

另外，有研究者提出，益生菌将胆固醇整合进细胞膜可能是另一种从溶液中移除胆固醇的方式。Razin发现，介质中的大多数胆固醇都被整合到细胞膜中，尤其是完整细胞的外膜更容易被胆固醇进入。与完整的细胞相比，整合到原生质体膜上的胆固醇是细胞的2倍，证明胆固醇更容易被细胞膜结合。

另一种推测的降血脂机制与部分益生菌的去结合胆盐的酶有关。将结合胆盐解离成去结合胆盐来自于胆盐水解酶的作用，在该酶的作用下，结合胆盐上的甘氨酸（牛磺酸）被解离下来，形成游离的氨基酸和游离胆酸。对哺乳动物来讲，结合胆盐的解离作用可以发生在小肠或者大肠。结合胆盐的解离作用确切发生的部位跟哺乳动物的种类有关。结合型胆盐具有高亲水性，容易被消化道吸收，而游离胆酸与结合胆盐相比，溶解性较差，不容易被肠道吸收，随粪便排出体外。在此情形下，需要合成新的胆酸来弥补损失的部分，由于胆固醇是体内从头合成胆酸的前提，进而导致血液中胆固醇的浓度降低，从而达到降低高血压的风险。

3. 益生菌改善糖尿病症状

糖尿病和高血压是共生性疾病，在部分患者中通常同时出现。最新的调查研究也表明，与非糖尿病人群相比，糖尿病患者患高血压的概率是前者的2倍。胰岛素抵抗、糖尿病和器质性高血压之间的关系非常复杂。

目前，对糖尿病、高血压的治疗方法很多，但不是所有都对两种疾病有益。有学者提出，摄食益生菌是一种新的治疗方法，可以预防和延迟糖尿病的发生，进而减少高血压的发生。出现胰岛素抵抗的后果往往是糖尿病性血脂的异常，其典型特征是血浆总胆固醇、低密度脂蛋白胆固醇和极低密度脂蛋白胆固醇浓度的增高，在多种体内模型中，益生菌可以有效地降低血清胆固醇水平，进而改善胰岛素抵抗的现象。有学者提出，食用益生菌可以减少胰岛素抵抗的发生，从而减少与糖尿病有关的高血压症状的产生。

在前人研究的基础上，有学者提出一种假说，认为糖尿病的发生与个体长时间食用高脂食物导致的不良炎症反应有关。Cani等通过小鼠试验，分析了高脂饮食对肠道内脂多糖浓度的影响，研究发现肠道菌群的组成决定了炎症反应的强度，而后者对糖尿病和肥胖的发生有重要的作用。多项研究结果显示，双歧杆菌可以减少肠道内内毒素的水平，改善消化道黏膜屏障的完整性，从而减少系统性的炎症反应，进而降低糖尿病的发生概率。在一项对多名健康志愿者中进行的随机、双盲、安慰剂对照人群试验中，每天食用2次含一定量乳酸菌的低脂乳6周后，可以提高这些人群的免疫应答，未发现致炎性细胞因子的表达，从而降低了由系统性炎症反应诱导的糖尿病的发病率。通过这些研究得出的结论，摄入益生菌可以抑制会导致系统性炎症，从而诱发糖尿病的致炎性细胞因子的产生，最终抑制因糖尿病发生而引起的高血压。

另外，研究发现，肠道菌群中革兰阳性菌与革兰阴性菌比例的降低也会增加由系统性炎症反应引发的糖尿病的发病概率，该比例的降低会增加机体内致炎性因子及脂多糖的浓度，这些物质的存在与机体的系统性炎症相关，并最终引发糖尿病的出现。脂多糖是革兰阴性菌细胞外膜的主要成分，摄入益生菌可以减少消化道中致病性革兰阴性菌的数量并调节机体的免疫应答。益生菌对革兰阴性菌的抑制作用有多种方式，包括竞争营养和黏附位点，产生直接具有抑菌作用的化合物等。

研究显示，同时摄入益生菌和抗糖尿病药物有利于糖尿病的控制。格列齐特是一种口服型的磺脲类抗糖尿病药物，在胰岛素治疗效果不显著的情况下，可以促进胰岛β细胞释放胰岛素。以前或正在研究的试验均表明，益生菌与其他抗糖尿病药物可以发挥协同作用，从而减少与糖尿病相关的高血压的发生。研究者认为，益生菌通过抑制胰岛素的消失、防止糖尿病性血脂代谢异常、抑制脂肪的过氧化和亚硝酸盐的形成等方式发挥其作用，表明摄入益生菌可以减少糖尿病和糖尿病相关疾病个体内由果糖诱发的胰岛素抵抗。益生菌在减少胰岛素抵抗发生、降血糖和改善糖尿病相关的血脂异常方面表现出正向作用，被认为可以作为一种替代性的预防和治疗措施用于糖尿病，进而减少与糖尿病相关的高血压的发病。

4. 乳酸菌的降血压作用研究进展

（1）乳酸菌降血压功能的研究概况　国内外的研究表明，目前已经发现了多种具有降血压作用的乳酸菌，其中主要以瑞士乳杆菌（*L. hevleticus*）为主。Calpis是使用*L. helveticus* CP790发酵牛乳产生的肽段，具有良好的降压作用。芬兰Valio公司的降压产品Evolus，同样使用了瑞士乳杆菌*L. helveticus* LBK16H发酵牛乳，使牛乳中含有大量降压肽，达到降压效果。

分离自意大利乳酪的瑞士乳杆菌*L. heltreticus* PR4能够代谢产生一种蛋白酶，这种蛋白酶可水解6种不同的乳蛋白，获得41种小肽，使用NAKAMURA和VER MEI RSSEN的方法，对这些小肽进行ACE抑制活性的检测，对ACE的活性能达到70%～100%的抑制，其中来源与人乳酪蛋白的小肽19还同时具有抗菌作用。研究发现，其他瑞士乳杆菌，如*L. helveticus* CHCC637、*L. helveticus* CHCC641以及*L. helveticus* ATCC150019、*L. helveticus* TUST005等同样能够代谢产生蛋白酶，降解蛋白产生ACE活性抑制肽。除瑞士乳杆菌外，也发现其他一些乳酸菌同样产生降压肽。Gobbetti等研究发现，保加利亚乳杆菌（*L. bulgaricus* SS1）和乳酸杆菌（*L. lactis*种的cremoris FT4）的发酵牛乳中也分离获得了具有降压作用的小肽。同时有报道，已经开始运用DNA重组技术获得能够编码降压肽段（Ala-His-Pro）的菌株。

（2）乳酸菌降血压作用的机制

①降血压肽：人体内血压的调节主要是由肾素-血管紧张素系统和激肽-激肽生成酶系统相互作用控制的。肾素进入血液，将血浆中的血管紧张素原水解为血管紧张素Ⅰ（AT1），在血管紧张素转化酶的作用下，血管紧张素Ⅰ转化成血管紧张素Ⅱ（AngⅡ），血管紧张素Ⅱ可加强心肌的收缩力，并同时使血管平滑肌收缩造成血压上升。另一方面，激肽-激肽释放酶系统也受到ACE的调控，它可使具有血管舒张作用的缓激肽转变为没有活力的缓释肽，两个系统在ACE的协同作用下，造成了人体内血压的升高。如果能够抑制ACE的活性，就可以实现降压作用。乳酸菌在发酵过程中所分泌的蛋白酶将一些活性片段切割下来释放到发酵乳制品中，它们能与ACE活性中心结合，竞争性地抑制ACE活性，使血管紧张素Ⅰ不能转化为血管紧张素Ⅱ，从而起到降高血压的作用。

②γ-氨基丁酸：某些乳酸菌具有L-谷氨酸脱羧酶活性，它能高效专一性地催化L-谷氨酸脱羧产生γ-氨基丁酸（简称GABA）和CO_2。高血压是一种主要由于中枢神经功能失调引起的全身性疾病，而GABA又是中枢神经系统重要的抑制性神经递质之一，在哺乳动物的脑血管中都存在有GABA能神经支配，并存在相应的受

体，它可通过调节中枢神经系统，作用于脊髓的血管运动中枢，与起扩张血管作用的突触后GABA A受体和对交感神经末梢有抑制作用的GABA B受体相结合，能有效促进血管扩张，从而达到降血压的目的。

③乳酸菌及菌体自溶物：日本科学家发现，LC1乳酸菌通过调节试验鼠的肠神经功能，具有降血压的作用。Sawada等发现 *Lactobacillus casei* YIT9018 的细胞自溶物（LEx）对试验鼠具有显著的降压作用，单次口服10mg LEx可明显使大鼠的收缩压降低，而且这种降压作用主要来自于细胞自溶物的多糖-肽聚糖复合物。

高血压患者广泛使用的降血压药物虽能有效降低高血压，但存在很多不良反应，而乳酸菌产生的降压作用温和平稳，无不良副作用，长期服用可预防、缓解和辅助治疗高血压。因此，近10年来，乳酸菌的降压作用受到广泛的关注。随着人们对于乳酸菌及其发酵产物中降血压物质研究的进一步深入，利用具有降压作用的乳酸菌开发成保健食品和功能性食品，是未来的一个研究热点和发展趋势。

（二）益生菌的降胆固醇作用

1. 益生菌降胆固醇研究进展

大量试验研究证实，服用益生菌或益生菌相关制品均可降低胆固醇水平。20世纪70年代，Mann和Spoerry先后通过对大量饮用发酵乳制品的非洲MAS SAI等和常饮酸乳的美国人血清胆固醇的研究，以及直接对酸乳的研究等，均发现其体内的血清胆固醇水平偏低，由此引起了国内外相关领域科学家的关注，使之成为医学工作的研究热点之一。

（1）**体外实验研究进展** 目前用于降胆固醇研究的菌种主要有三大类：乳杆菌属、双歧杆菌属、其他菌种。乳酸菌（主要是乳杆菌和双歧杆菌）是胃肠道生态系统固有菌种，也是工业上常用的益生菌来源，其中嗜酸乳杆菌应用最为广泛。除细菌外，也有酵母菌等其他益生微生物降胆固醇功能的研究。据不完全统计，用于降胆固醇研究或使用过的菌种有20多种。

体外研究表明，某些细菌可以从培养基中吸收胆固醇。有人报道了嗜酸乳杆菌从实验培养基中吸收胆固醇的现象，条件为厌氧且存在胆酸盐的环境，吸收能力有菌株特异性。只有能从培养基中吸收胆固醇的菌株才能对猪的胆固醇水平有显著作用，因此能否吸收培养基中的胆固醇，成为体外研究筛选降血脂益生菌的初筛条件。

影响胆固醇去除率的主要因素有：氧气、pH、生长速度、培养基种类、菌种菌株差异、胆酸盐浓度、胆酸盐种类、胆固醇种类和益生元等。Pereira等在研究中发现，菌株之间、甚至相同菌株在不同实验批次中都存在巨大差异，每一批次3个平行实验中菌株生长和吸收胆固醇的比例也存在微小差异。这表明细菌吸收胆固醇的能力高度依赖于它们的生长情况。尽管增加了用最终细胞干重进行标准化的过程，但吸收胆固醇的效力仍存在巨大差异。而Tahri和Kimoto等也证实了细菌吸收胆固醇至膜内是与生长情况相关的，因为休眠细胞不能与胆固醇作用。

发酵过程产生短链脂肪酸可使培养基的pH自然下降到5.5以下。Gilliland等在试验中控制pH为6.0时，嗜酸乳杆菌ATCC43121吸收的胆固醇高于不控制pH的吸收值。使用抑氧药剂巯基乙酸钠（THIO）和不同的胆固醇来源，可能导致与Klaver等的试验结果不同。Dambekodi等也发现在pH6.5的条件下，长双歧杆菌吸收的胆固醇多于不控制pH条件下的吸收，可能是细菌在pH6.5的条件下生长更好，或者是搅拌使细胞和胆固醇微粒接触更充分。研究表明乳杆菌需要有胆酸盐存在时才能吸收胆固醇，提高胆酸盐的浓度使菌种的生长速率下降，但胆固醇的去除率随之提高，或者对于细菌吸收胆固醇存在最适的胆酸盐浓度。由于小肠内的胆酸盐浓度通常低于0.4%，所以提高胆酸盐浓度并无实际意义。

不同种类（结合型或非结合型）的胆酸盐对生长速率没有显著影响，对胆固醇的去除率却有显著影响。由于人体肠道内含胆酸盐的环境，以及细菌需要存在胆酸盐的条件下才能吸收胆固醇，所以益生菌必须具有对胆酸盐的耐受性。不同菌株对胆酸盐的耐受性不同，但具有更高胆酸盐耐受性的细菌并不一定能够吸收更多的胆固醇。

有人发现不能降解胆酸盐的微生物也不能从培养基中去除胆固醇，所以用胆酸盐水解酶活性作为筛选降胆固醇益生菌的标准。定性评价胆酸盐水解酶活性的方法，是在MRS琼脂平板中添加适量胆酸盐和$CaCl_2$，用细菌涂布平板后厌氧培养，以沉淀圈的大小作为评价标准。定量分析胆酸盐水解酶活性通常采用HPLC方法。

Toit等以胆酸盐水解酶活性作为初筛标准，从297株乳杆菌中得到3株，添加猪饲料喂养高胆固醇的猪，结果显示血浆胆固醇浓度显著下降。但也存在相反的例证。Dambekodi等发现长双歧杆菌菌株间水解牛磺胆酸钠的能力没有显著差异，而吸收胆固醇能力有明显差异，这两种能力之间无相关性。Usman等发现加氏乳杆菌的胆酸盐耐受性、胆酸盐降解能力、吸收胆固醇能力两两之间都没有显著相关性。

有的益生元仅对细菌生长起促进作用，如吐温80，并不利于吸收胆固醇；有的仅能促进胆固醇吸收，如Ca^{2+}离子；还有既能促进细菌生长又能促进胆固醇吸收的，如果糖寡糖、半乳糖寡糖等。在胆酸盐抑制细菌的生长的同时，加入胆固醇却能促进细菌生长。

胆固醇的种类也会影响细菌对胆固醇的吸收，Tahri等使用的3株双歧杆菌均不能吸收非酯化的胆固醇，两株具有胆酸盐去结合能力的菌株可以吸收酯化的胆固醇，而没有去结合胆酸盐能力的一株菌也无显著的吸收酯化胆固醇的能力。培养基的成分对胆固醇的吸收也有影响。大部分研究使用MRS培养基，并加入巯基乙酸钠作为耐氧剂。

（2）动物喂养及人体实验研究进展　几乎所有的研究都证实了益生菌有去除培养基中胆固醇的能力，这种能力具有菌株特异性，通过改善培养条件可以提高去除率。更值得关注的是体外筛选得到的菌株在体内的作用情况。目前关于益生菌在体内作用的研究报道较少，且侧重于效果而非机理。用猪、鼠、兔等试验动物进行的一系列试验，大多显示出含益生菌发酵牛乳的降血脂作用。猪的消化和循环系统与人的有可比性。Gilliland用从猪肠道中分离出的 *L. acidophilus* RP32 喂养猪，结果能够使高胆固醇喂养的猪血浆胆固醇浓度稳定。Akalin等用含有德氏乳杆菌的酸乳酪喂养老鼠，试验对象的血浆总胆固醇和LDL胆固醇显著下降，粪便中的乳杆菌数量大大提高，而肠球菌数量降低。

近年来益生菌制品对人体血浆胆固醇的作用研究取得了一定进展，正反两面的例子均有报道。James等的研究发现来源于人肠道的 *L. acidophilus* L1比来源于猪肠道的 *L. acidophilus* ATCC43121，对人体血浆胆固醇浓度有更显著的降低作用，但结果并不稳定。DeRoos等在一个有78名健康男女参与的研究中发现，服用富含

L. acidophilus L1的酸乳酪并没有降低志愿者的血浆胆固醇浓度。他们认为，如果该菌株体外降低胆固醇的机理是在低pH条件下发生胆酸盐和胆固醇的共沉淀作用，而小肠内的pH不能达到5.5以下，所以没有降胆固醇作用。

Xiao等用一种双歧杆菌发酵牛乳制品进行鼠和人的试验，血浆胆固醇浓度明显下降。Kie Bling等在一个21周的试验中，给研究对象大量服用含一种嗜酸乳杆菌和长双歧杆菌的酸乳酪，结果总胆固醇和LDL胆固醇没有下降，而HDL胆固醇却有升高。因此益生菌对人血浆胆固醇浓度的作用并无定论。1974—2000年，有13个研究报道了服用发酵牛乳制品对人体血脂的作用评价，研究对象共465人，总胆固醇降低了5.4% ~ 23.2%，LDL胆固醇降低了9% ~ 9.8%。

虽然益生菌对人体胆固醇的作用并没有一致的结论，但可能存在的原因有：试验设计问题、样本数量小、研究时间短、服用量不确定、饮食无法控制、研究对象的身体条件不同等。根据体外研究和部分体内研究结果，以及某些地区大量服用含乳酸菌的发酵牛乳的人群血浆胆固醇浓度低这一客观事实，益生菌作为降血脂的食品添加剂及临床应用的前景还是乐观的。

2. 益生菌降胆固醇的机理

（1）细菌的胆盐水解酶活性　胆盐水解酶（Bile Salt Hydrolase，BSH，EC3.5.1.24）为N末端亲核水解酶，它能特异性地水解结合胆盐的酰胺键，释放出游离胆盐和氨基酸（甘氨酸或牛磺酸）。胆盐水解酶作用的底物是广泛的，包括人类胆汁中的主要六种结合胆汁酸，即甘氨胆酸、牛磺胆酸、甘氨脱氧胆酸、牛磺脱氧胆酸、甘氨鹅脱氧胆酸和牛磺鹅脱氧胆酸。迄今为止，在微生物中只发现细菌具有胆盐水解酶活性，而且除拟杆菌外，其他胆盐水解酶阳性菌株均为革兰阳性菌，并且主要分布在哺乳动物肠道细菌的乳杆菌属、双歧杆菌属、肠球菌属和梭菌属中。

①胆固醇和游离胆盐发生共沉淀：在体外条件下，具有胆盐水解酶活性的细菌，能将培养基中的结合态胆盐水解成游离胆盐，游离胆盐的pKa值大约为5.0，并且质子化的游离胆盐具有很低的溶解度。因此，在酸性环境下解离胆盐很容易从溶液中沉淀下来。Klaver等发现当培养基的pH低于6.0时，其中的游离胆盐就会开始沉淀，但此时培养基中的胆固醇仍能稳定存在。然而当培养基的pH低于5.5时，其中的胆固醇便会随着游离胆盐一起沉淀下来。这就是所谓的共沉淀现象。

研究者对 *L. acidophilus* RP32（ATCC43121）的体外降胆固醇特性进行了研究，发现在自然发酵条件下该菌株能够显著脱除培养基中的胆固醇，然而当用发酵罐将体系的pH控制在6.0时，这一脱除过程并不发生。研究者发现该菌株具有胆盐水解酶活性，因此认为该菌株在自然发酵条件下的胆固醇脱除作用应该归结于游离胆盐和胆固醇在酸性环境下的共沉淀效应。事实上，这种共沉淀效应也被后来的一些研究所证实。然而，这种共沉淀效应的确切机制一直未见报道。

Klaver等认为胆固醇在培养基中的稳定存在需要胆盐的乳化支持，在酸性环境下胆盐的解离可能破坏胆固醇胶束的稳定性，进而导致胆固醇从培养基中沉淀下来。最近，Liong等的研究间接证明了这一推断的合理性。研究者对一些具有胆盐解离能力的乳杆菌共沉淀胆固醇的能力进行了测试，发现即使发酵液的最终pH低至4.0，培养基中的水溶性胆固醇也很少被沉淀下来，而其他研究者用非水溶性胆固醇所进行的试验表明，菌株共沉淀胆固醇的能力可高达50%以上。胆固醇与水溶性胆固醇在培养基中的存在状态是完全不同的。胆固醇在培养基中以胶束形式存在，而水溶性胆固醇由于引入了亲水基团聚乙二醇，在培养基中以非胶束形式存在，并具有高达60g/L的溶解度。上述试验进一步表明共沉淀现象的发生是与胆固醇胶束的稳定性密切相关的。

此外，还有一些研究显示，共沉淀的胆固醇用pH7.0的磷酸盐缓冲液冲洗后能重新溶解，这表明共沉淀现象是一种与体系pH密切相关的可逆的胶体化学行为。共沉淀作用虽然可以脱除培养基中的胆固醇，从而引起培养基中胆固醇浓度的降低，然而这一过程只有在pH低于5.5以下才能发生，而人体肠道的pH通常介于6～8，很难低于5.5，因此这一过程在人体内似乎很难发生。然而，游离胆盐本身在偏酸性的生理条件下，特别是在钙离子存在的条件下是有可能发生沉淀的。

②游离胆盐不容易被肠道吸收：胆汁酸主要是在人体的回肠被吸收的。餐后上端回肠总胆汁酸浓度高达10mmol/L，而且这些胆汁酸绝大部分都以结合态形式存在。胆汁酸沿着回肠向下推进的同时逐渐被吸收，浓度逐渐降低，而且胆汁酸也逐渐被肠道细菌所解离。到了回肠末端总胆汁酸浓度仅为2mmol/L，而且其中至少一半是以游离态形式存在的。对于每次胆汁酸的肝肠循环，大约有95%的胆汁酸均是在回肠被吸收，剩下的胆汁酸则进入大肠。在肠道细菌的作用下继续被解离。解离后的胆汁酸则被肠道菌进行化学修饰，最关键的是脱羟基反应。该反应将胆酸转变成脱氧胆酸，将鹅脱氧胆酸转变成石胆酸。后两者具有较低的溶解度，不容易被大肠

吸收（被动运输），进而随粪便排泄到体外。

一些研究已经显示，具有胆盐水解酶活性的细菌能够显著降低试验动物血清胆固醇浓度。早期Chikai等发现无菌鼠粪便中无游离胆汁酸存在，然而将具有胆盐水解酶活性的人类肠道细菌经口灌胃给这些无菌鼠后，它们粪便中出现了大量的游离态胆汁酸，同时粪便中总的胆汁酸排泄量也明显增加，这说明胆盐水解酶活性细菌能够加速体内胆汁酸向体外排泄。

Smet等用具有胆盐水解酶活性的*L. reuteri*饲喂高胆固醇饮食的猪，发现进食该菌株后猪血清TC和HDL-C水平与对照组相比显著降低，同时粪便中总胆汁酸的排泄量也明显增加。这表明该菌株的体内降胆固醇功能与粪便中总胆汁酸的排泄量增加有关。Usman等用大鼠进行的实验也获得了类似发现。研究者用具有胆盐水解酶活性的*L. gasseri* SBT0270饲喂大鼠，结果发现进食该菌株后大鼠血清TC和HDL-C水平明显降低，同时粪便中总胆汁酸的排泄量也明显增加。由此研究者认为该菌株的体内降胆固醇活性与其胆盐水解酶活性密切相关。研究者推测，肠道内的胆盐被解离后，溶解度降低，不容易被肠道回收，从而随粪便排泄到体外，为了弥补肝肠循环过程中胆汁酸的不足，肝脏会利用血液中的胆固醇重新合成新的胆汁酸，以弥其损失，通过该途径进而引起血清胆固醇水平的降低，该推断也被其他的一些研究者所认同。

Sridevi等从*L. buchneri* ATCC4005 细胞超声破碎液中提取到胆盐水解酶，用结冷胶将其固定化，然后用该固定化酶喂养经tritonX-100诱导的高脂血症大鼠，结果发现该固定化酶能显著降低高脂血症大鼠血清胆固醇水平。该试验直接证实了胆盐水解酶在动物体内发挥降胆固醇功能的可能性，也进一步说明胆盐水解酶活性细菌在动物体内的降胆固醇功能是与其胆盐水解酶密切相关的。

（2）细菌吸收或吸附胆固醇　细菌除了可以通过共沉淀方式脱除培养基中的胆固醇外，还可以通过另外一些途径发挥同样的作用。这些途径包括：①细菌细胞壁吸附胆固醇；②细菌细胞膜吸收胆固醇；③细菌细胞质积累胆固醇；④上述三种方式的组合。

由于具有胆盐水解酶活性的细菌可以通过解离培养基中的胆盐而引发胆固醇沉淀，因此在研究细菌对培养基中胆固醇的吸收或吸附作用时，必须排除该干扰。排除该干扰的手段主要有3种：①用发酵罐将发酵体系的pH控制在6.0以上；②在培养基中不加入胆盐；③培养结束后用pH7.0的磷酸盐缓冲液冲洗细胞，溶解共沉淀的胆固醇。

Dambekodi等为避免共沉淀现象发生，用发酵罐将培养基的pH控制在6.0以上，发现*B. longum*仍能脱除培养基中的胆固醇，而且被脱除的胆固醇有20%左右在细胞膜中被发现。研究者推测剩下的那部分胆固醇可能与细菌的细胞壁结合在一起。

Tok等对一些产胞外多糖的*L. delbrueckiis* sp. bulgaricus 体外脱除培养基中胆固醇的能力进行了研究。即使在无胆盐的情况下，这些细菌的生长细胞和热致死细胞仍能脱除培养基中的胆固醇，而且脱除能力与细菌产胞外多糖的能力成正相关。因此，研究者推测培养基中胆固醇的脱除，可能是由细菌表面的荚膜胞外多糖黏附了培养基中的胆固醇导致的。

Lye等用扫描电镜观察到了黏附在乳杆菌细胞壁表面的胆固醇，研究者认为这种黏附特性是一种物理现象。该现象的发生与细菌细胞壁肽聚糖的氨基酸成分有关。Taranto等用液体闪烁计数仪研究了*L. reuteri* CRL1098 对培养基中胆固醇的脱除作用，研究者发现培养基中消失的胆固醇除了发生共沉淀外，剩下的那部分全部集中在细菌的细胞壁和/或细胞膜中，而细胞质中未发现有放射性胆固醇的存在。

而Tahri等用双歧杆菌进行的实验则获得了与此完全相反的结论。研究者发现，对于生长细胞，培养基中消失的胆固醇除了部分发生共沉淀外，剩下的绝大部分都集中在细菌细胞质中；对于静息细胞，培养基中消失的胆固醇几乎全部都是由于共沉淀产生的，细菌几乎没有吸收或黏附培养基中胆固醇的能力。Grill等发现当牛磺胆酸钠存在时，*L. amylovorus* 和*B. breve* 细胞质中积累了培养基中大约50%的胆固醇；而当培养基中无胆盐存在的情况下，这两株菌几乎没有能力吸收培养基中的胆固醇。这说明胆盐对菌株吸收或黏附胆固醇的能力具有一定的影响。

由于乳酸菌和双歧杆菌等普遍缺乏胆固醇氧化酶及脱氢酶活性，并且在培养过程中培养基中的胆固醇总量并不随培养时间发生变化，因此培养基中被这些细菌脱除的胆固醇并没有被代谢。然而在该情况下，这些细菌吸附或黏附胆固醇有何生物学意义至今还不清楚。不过有研究显示，吸收或黏附了培养基中胆固醇的微生物具有更强的抵抗超声破碎的能力。

关于益生菌降胆固醇功能的动物试验及人体试验研究已有很多。综合这些研究我们可以发现，除Gilliland等外，很少有研究者将益生菌体内的降胆固醇作用归结为细菌对胆固醇的吸收或黏附作用。虽然Gilliland等曾将*L. acidophilus* RP32（ATCC43121）在猪体内的降胆固醇作用归结于其对胆固醇的吸收，但后来的研究则表明这一作用应该归结于该菌株的胆盐水解酶活性，而与其胆固醇吸收功能无关。在人体试验方面，也尚无文献表明体外吸收或黏附胆固醇的菌株在人体内具有降低人体血清胆固醇的作用。通过对益生菌体外吸收或黏附胆固醇的能力，及人体肠道内胆固醇吸收的生物学机制进行分析，我们认为那些体外吸收或黏附胆固醇的菌株，在人体内可能很难起到降低人体血清胆固醇的作用。

简要分析如下：人体肠道内胆固醇的吸收要高度依赖于一种NPC1L1受体蛋白的活性转运，该受体蛋白主要在十二指肠和上端空肠表达，肠道内的胆固醇也主要在此吸收，在该肠道部位内胆盐浓度高达10～15mmol/L，细菌生长明显受到抑制，内容物中活菌数通常不超过10^4CFU/mL。实际上，在该肠道部位人体所能承受的最大细菌浓度为10^6CFU/mL，内容物细菌浓度超此限度人体健康就会受到威胁，该疾病临床上称之为"小肠细菌过度生长"。因此，益生菌在人体该肠段吸收或黏附的胆固醇的量不会超过10mg（益生菌在该肠段的浓度最高以10^6CFU/mL内容物计，流经该肠段的液体每天最高以10L计，益生菌对胆固醇的吸收或黏附能力最高以100g胆固醇/10^8CFU细菌计），而人体每天通过粪便向体外排泄的固醇类物质可高达1g左右。这说明由益生菌摄入所导致的粪便中固醇类物质的排泄量仅增加了1%，这个增加量恐怕很难对人体的血清胆固醇水平产生显著影响。

在上面的计算中，益生菌对胆固醇的吸收或黏附能力以目前体外试验的最高结果计。实际上，益生菌吸收或黏附胆固醇的能力要明显地依赖于生长状态，处于非生长状态的益生菌吸收或黏附胆固醇的能力很差。体外试验中采用的牛胆盐浓度通常为0.3%（牛胆盐为混合物，纯度通常低于80%，实验室现采用sigma公司生产的牛胆盐纯度只有52%），因此这样的胆盐浓度只能模仿人体回肠胆盐浓度，与十二指肠和上段空肠内容物中的胆盐浓度有很大差别。

由此可见，细菌在体内的生长速度可能要比体外慢得多，因而菌株对胆固醇的吸收或吸附能力可能也要比体外差很多。

（3）其他机理　Pereira等采用三隔室连续培养系统模仿人类肠道的微生态环境，对*L. fermentum* KC5b的体外降胆固醇特性进行了研究，发现将该菌株接种于该系统后，系统中的醋酸含量降低了9%~27%，丙酸含量增加了50%~90%。由于醋酸盐具有升高血清胆固醇的作用，而丙酸盐具有抑制肝脏合成内源性胆固醇的作用，因此研究者认为这一过程如果在体内也能发生，将有可能起到相应的降低人体血清胆固醇水平的作用。

Pigeon等发现产荚膜胞外多糖的酸乳发酵剂菌株具有脱除培养基中胆酸（游离胆汁酸的一种）的作用，并且这种脱除作用与荚膜胞外多糖的产量成正相关。研究者认为，细菌荚膜胞外多糖具有黏附胆酸的生物特性，推断菌株的该特性有可能起到降低人体血清胆固醇水平的作用。

Kurdi等发现肠道双歧杆菌均具有不同程度吸收胆酸的能力，而且被吸收的胆酸主要积累在细胞质内。这种积累过程要依赖于细菌细胞内外的pH差异。细胞外的偏酸性环境能加速这种积累过程，然而肠道内的短链脂肪酸却能抑制这种积累过程。

Hang等研究发现*L. acidophilus* ATCC4356可以通过分泌可溶性效应分子降低了Caco-2细胞中*NPC1L1*基因的表达，从而抑制该细胞对胶束胆固醇的摄取能力，此外，该菌株还可以通过部分调节肝脏X受体来介导这种效应。研究者指出*L. acidophilus* ATCC4356的这种特性可以为开发新的具有降胆固醇活性的益生菌奠定理论基础。

Lye等发现具有胆盐水解酶活性的乳杆菌具有抑制培养基中胆

固醇乳化胶束形成的作用。研究者认为细菌通过该途径可以抑制胆固醇被人体肠道吸收，进而起到降低血清胆固醇水平的作用。

3. 研究前景展望

对于益生菌开发工作，安全性是功能性的前提，失去安全性的功能性将不具有意义。大肠内的拟杆菌和梭菌属等细菌对解离胆盐具有一定的化学修饰作用，修饰产物脱氧胆酸和石胆酸等可能存在着潜在的致癌活性。具有胆盐水解酶活性的微生物在发挥降胆固醇功能的同时是否具有足够的安全性亟需进行科学评价。

将安全性背景模糊的菌株用于临床测试这有悖于人类的伦理道德，也是不允许的。因此，安全性评价将是制约人体实验向前推进的一个关键性瓶颈，也是益生菌机理研究的一个主要障碍。那些吸收或吸附胆固醇的菌株虽然在人体内可能起不到显著的降胆固醇作用，但该类菌株在体外仍具有潜在的应用价值。利用该类菌株可以生产一些低胆固醇的流体或半流体发酵食品，如发酵酸奶油等。与生产相关的一些技术问题，如影响因素和工艺优化等有待研究。

胆盐水解酶基因在人类肠道细菌中大量存在。胆盐水解酶活性可能有助于提高细菌的胆盐耐受能力，进而增强它们在肠道内的生存及定植能力。因此，胆盐水解酶活性可能是细菌适应肠道环境而采取的一种应对策略，然而胆盐水解酶活性对细菌，特别是肠道细菌的确切生物学意义至今还不清楚。为阐明这一过程的具体生物学意义，还需要进行更多的研究，特别是体内研究。

作为益生菌的乳酸菌和双歧杆菌等在体内和体外的生长模式是不一样的。在体外静态纯培养过程中，这些微生物存在着对数生长期，生长速度较快，而在体内它们却处于动态的混合培养状态。由于其他肠道微生物与其竞争营养物质，其生长速度通常比体外慢得多。体外静态纯培养模式和体内动态混合培养模式之间存在着较大差别，因此益生菌的降胆固醇机制更需要借助人体肠道模拟器或在体内进行研究。在体内研究层面，可首先在无菌动物上进行试验，以排除其他肠道菌的干扰，直接研究胆盐水解酶活性菌株或游离胆汁酸黏附菌株对肠道胆盐的影响。当然，也可在常规动物上进行瘘管或灌流试验，以研究益生菌对整个肝肠循环过程所产生的影响。借助气相色谱或高效液相色谱等技术手段对试验动物肠道内容物，或粪便样品中的胆汁酸及中性固醇类物质进行检测，将有助于这一过程的研究。

此外，胆盐在肠道内是以胶束形式存在的，而细菌的胆盐水解酶通常为胞内酶，细菌如何捕获胞外以胶束形式存在的胆盐并有效地将其转移到胞内进行解离，以及解离产物的命运和流向等问题也有待阐明。胆盐水解酶基因在微生物种属内差别很大，能否找到益生菌胆盐水解酶基因的保守序列，以实现利用PCR技术对候选菌株进行高通量筛选有待尝试。

最后，食物成分对肠道胆盐的胶体化学行为的影响及对益生菌体内解离或黏附胆盐能力的影响等也有待研究。

七　益生菌抗衰老作用

长生不老是人类的梦想，无论是世界各地出土的木乃伊，还是人类孜孜以求的"长生不老药"，都寄托了人类对永生的渴望。当今社会人口老龄化问题日益突出，癌症及与衰老相关的机体退行性疾病高发。因此，与延缓衰老、预防老化退行性疾病相关的药物或食物，能提高人们的生活质量，减轻老龄化社会的养护成本，有关研发具有广泛的应用前景、市场价值和社会效益。

对于人类衰老的研究存在周期长、取材难的问题，要深入研究衰老的机制和延缓衰老的方法，需要建立理想的试验体系和模型。随着细胞和分子生物学的发展，对于衰老的研究也进展到了分子水平。

（一）衰老在肠道菌群上的表现

衰老是生物体随着时间积累的功能下降，其特点在于生理完整性的逐渐丧失，由此导致生理功能的受损和死亡易感性的增加。从机体水平可分为自然衰老和疾病引起的衰老，从细胞水平分为细胞复制性衰老和非复制性衰老。老年人与年轻人的肠道菌群存在明显差异，衰老与肠道菌群组成具有一定的相关性。肠道菌群的种类和分布情况及其代谢产物，与人体老化程度以及健康和疾病都有重要关系。对犬类衰老研究表明，随着年龄增长和能量摄入限制，肠道菌群代谢出现明显的变化，表示肠道菌群代谢可能与寿命延长和疾病发生存在密切关系。

2008年研究人员发现，肠道菌群的组成和动态变化与人体的代谢表型密切相关。肠道菌群和代谢表型不仅人种间存在差异，在成年人和婴幼儿之间也存在明显差异。人的肠道细菌中最主要的菌属包括双歧杆菌属、乳杆菌属、拟杆菌属和真杆菌属等，在肠道不同节段内随着pH的差异，细菌的分布和数量也完全不同。从婴幼儿到老年期，人体肠道内的菌群分布是随着年龄的变化而变化的，随着机体衰老，有益微生物数量和有害微生物数量呈此消彼长的趋势。一项对百岁老人和较年轻老人的肠道菌群研究发现，与较年轻老人相比，百岁老人的肠道菌群特征极为明显，在百岁老人的肠道菌群中，肠杆菌、双歧杆菌和拟杆菌的数量较低，梭菌类较多。两类人群的乳杆菌和双歧杆菌的种类相类似，而乳杆菌亚群的组成有很大不同。

（二）益生菌对宿主机体衰老的延缓作用

1. 肠道微生物角度

肠道微生物与衰老发生有特定关系。例如，二甲双胍通过降低线虫肠道内微生物的叶酸和甲硫氨酸的代谢来延缓线虫的衰老。近十年来，随着基因学研究的深入，肠道微生物与机体健康和疾病之间关系的研究也成为热点。

衰老在肠道菌群方面的表现，说明肠道菌群与衰老以及衰老相关的疾病存在非常显著的相关性。例如，正常的肠道菌群可通过影响淋巴细胞来调节机体对过敏原的反应，从而影响过敏疾病的产生。肠道菌群产生的类胡萝卜素类物质可在一定程度上降低动脉粥样硬化和中风的风险。肠道菌群的结构变化甚至可以影响机体的行为模式。赵立平等通过饮食限制模型小鼠研究了肠道菌群的分布与小鼠寿命的相关性，研究结果表明，饮食限制模型小鼠肠道中与寿命呈正相关的乳杆菌属细菌数量增加以及与寿命呈负相关的细菌数量减少，且伴随着血清中脂多糖结合蛋白水平的降低。说明节食的动物可以建立最佳的肠道菌群组合，这反过来通过减少整体炎症而改善了健康。

有研究发现，一种典型的慢性炎症牛皮癣性关节炎，是由皮肤微生物和炎症性肠道微生物共同促发引起的，类风湿关节炎与肠道微生物*Prevotella copri*有关。据流行病学研究发现，肠道细菌缺乏多样性会增加人们患上结直肠癌的风险。此外，结直肠癌患者肠道内的梭状芽孢杆菌含量少，革兰阳性的梭菌纲尤其是粪球菌属能将膳食纤维和糖类转化为丁酸，可抑制炎症和癌细胞在结肠内的生成。这项研究成果意味着对肠道内的微生物进行鉴定和识别，可帮助预防和治疗结直肠癌。

李兰娟等研究发现，毛螺菌科等细菌变化与重症肝病发病密切相关，并从分子生物学角度阐明了骨桥蛋白调节NKT细胞致肝损伤的机制，创建了纳米抗菌肽治疗内源性感染和微生态干预防治重症肝病的新策略，预示着将来可以通过肠道微生物代谢标志物鉴别诊断肝硬化和肝癌。

目前的大部分研究还集中在整体菌群失调对这些常见疾病的影响，尚没有太多与特定细菌分布失衡相关的研究。但随着研究的深入，疾病与特定细菌之间的相关性和因果关系也慢慢被发现和证实。例如，Patrice D. Cani和他的合作者在糖尿病领域的顶尖期刊*Diabetes*（《糖尿病》）中写道，小鼠肠道菌群的内毒素能够进入血液，引起轻度的慢性炎症，从而导致小鼠出现肥胖、胰岛素抵抗等代谢损伤。

赵立平等发现阴沟肠杆菌在人体肠道中的过度生长是造成肥胖的直接原因之一，这是首次证实肠道细菌与肥胖之间有直接因果关系。无菌小鼠获得结肠癌小鼠肠道内的细菌后更容易患结肠癌，癌化后的小鼠肠道内具有更多的拟杆菌、紫单胞菌和艾克曼菌属细菌，而普雷沃菌科和紫单胞菌科细菌数量减少，表明肠道中某些微生物成分或许也是诱发大肠癌的风险因素之一。

2. 大脑–肠道–微生物角度

"大脑–肠道–微生物"一般包括中枢神经系统、神经内分泌和神经免疫系统、自主神经系统、肠神经系统以及肠道微生物群落。这些系统之间通过信号相互作用，形成一个复杂的网络。稳定的肠道微生态有利于大脑–肠道之间正常的信号转导。反之，肠道微生态失衡会导致大脑–肠道之间异常的信号转导，导致中枢神经系统问题和疾病的发生。中枢神经系统水平的应激也会影响肠道功能并引起肠道微生态的扰动。

（1）微生物对宿主肠道的影响　在无菌小鼠肠道内植入人类和普通小鼠肠道的主要微生物多形拟杆菌，研究表明肠道微生物能通过调节宿主基因表达来调控营养吸收，加强黏膜屏障，代谢异型生物质和促进血管增生，影响神经系统的功能。这类试验结果均表明，共生细菌能够影响肠道的初级传入神经，并证明神经系统的感受部分与肠道微生物间的功能关系。

（2）宿主胃肠道生理状态对肠道微生物的影响　在正常状态下，宿主消化道为共生细菌提供了保证其群落结构和功能完整性的稳定环境。消化道的生理环境受到干扰则会导致微生物生长失衡，从而改变微生物群落组成。无论是消化道还是中枢神经系统引起的宿主生理状态变化，都能使消化道细菌群落组成发生变化。相反，由于感染或抗生素或其他应激情况等诱导的微生物群落变化，也会导致生理炎症和扰乱消化道。

（3）宿主大脑对肠道微生物的影响　对小鼠和恒河猴进行母婴分离的试验研究表明，母婴分离给幼兽带来的精神压力，诱导系统细胞因子的响应，增强了肠道通透性，并使消化道微生物群落组成发生变化，乳杆菌减少，似乎导致了肠道病原菌的出现，这些变化使消化道对炎症的刺激更加敏感。

（4）肠道微生物影响宿主大脑的行为　近些年的研究显示，肠道菌群会影响宿主大脑、认知、情绪和行为。总体来说，主要采用的方法包括使用无菌动物、致感染的动物、暴露于益生菌制剂或抗生素的动物。这些研究多数集中在微生物调节宿主应激反应及其相关的行为。肠道微生物的研究主要包括菌群变化与疾病或健康的相关性、肠道菌群对药物代谢和个性化治疗的影响，以及通过对肠道菌群的干预来达到治疗的目的。这些研究均增加了对人体与共生菌的认识。

3. 特定种类益生菌的角度

肠道菌群失调的主要表现是共生菌比例的下降，因此，可以通过直接补充共生菌或通过补充促进共生菌生长的物质来调节肠道菌群恢复健康的动态平衡。前者最常见的是乳酸杆菌和双歧杆菌，同时也有少量的链球菌等。通过适当的方式适度补充这些益生菌，可以在一定程度上达到调节肠道菌群组成、进而改善健康状况的目的。促进共生菌生长的物质也就是所谓的"益生元"，如低聚半乳糖、菊糖等。低聚果糖可能也是潜在的"益生元"之一，摄入一定的果糖可增加人类肠道菌群中双歧杆菌的比例。

目前关于益生菌对衰老过程影响的研究主要集中于以下几方面：多种益生菌表现出延长模式生物寿命或促进其生长，调节血脂、血压、血糖，保护神经干细胞，改善认知能力和情绪行为，抑制病毒引起的自噬等。

（1）延长人体寿命　1908年，俄国科学家、诺贝尔奖获得者伊力亚·梅契尼科夫正式提出了"酸乳长寿"理论。通过对保加利亚人的饮食习惯进行研究，他发现长寿人群有着经常饮用含有丰富益生菌的传统发酵乳的习惯。他系统地阐述了自己的观点和发现。20世纪90年代，中国学者张篪教授对世界第五长寿区——中国广西巴马地区百岁以上老人体内的双歧杆菌进行了系统的研究，也发现长寿老人体内的双歧杆菌比普通老人要多得多。

（2）延长模式生物寿命　中国农业大学任发政课题组发现唾液乳杆菌通过能量限制效应，并激活AMPKDAF-16信号通路来延长线虫的平均寿命。植物乳杆菌可以通过基于TOR通路的能量传感来调节生长激素，从而促进果蝇幼虫的生长。

此外还有从调节肠道微生态平衡、调节免疫、调节血压血脂血糖、抗氧化与抗重金属毒性、抑菌、抗癌防癌、改善认知、预防退行性疾病、改善骨质疏松等方面对益生菌的抗衰老作用进行的研究，并取得了较大进展。

（三）延缓衰老益生菌的筛选

各种益生菌甚至同种益生菌的不同菌株，其益生功能各不相同，如何快速有效地定向筛选具有延缓衰老，以及防治或改善与衰老相关疾病等作用的功能性益生菌，在筛选之初应建立模型，进而筛选功能性益生菌。例如，单胺氧化酶抑制模型、自由基清除为代表的抗氧化模型与Caco-2模型，可用于筛选具有延缓衰老作用的益生菌。

关于衰老相关机制研究的证据表明，延长寿命的秘诀绝不仅仅是使用抗氧化药物或减少食量那么简单。虽然大量的自由基可能有害，但它们的存在也会触发保护性的应答。因此有专家认为，没有任何遗传学证据能说明增强机体的抗氧化防御能够延缓衰老。另外，虽然公认饮食或热量限制在动物试验中有效，说明机体会因为营养不足而启动保护性机制，但长期过度的营养缺乏，也同样会引起疾病。未来通过选择特定功能的益生菌进行有针对性的干预，可实现延长机体寿命的目的。

第三部分

益生菌
功能产品

3

一 益生菌产品概述

（一）益生菌产品

市场上，益生菌产品以两种形式销售：食品和膳食补充剂。

含有益生菌的食品几乎全部是乳制品，所用菌种主要为乳酸菌和双歧杆菌。产品类型主要是添加了益生菌的液态乳和酸乳。在美国含益生菌的美式乳制品的配方多由生产商自己制定。美国要求酸乳产品至少要用保加利亚乳杆菌和嗜热链球菌进行发酵，但没有明确活菌含量。仅有少部分州规定了所有乳制品中益生菌的最低水平：非发酵的酸性乳要求为$1 \times 10^6 CFU/mL$。生产商建议在货架期末酸乳和非发酵的酸性乳中益生菌含量应为$2 \times 10^6 CFU/mL$。虽然乳制品中益生菌数目很高，但在含有初始菌种的环境中进行益生菌的选择性计数还比较困难。

产品中不同种属细菌和受损细胞相混杂都使细菌计数变得复杂。另外，乳制品中益生菌的存活情况也是一个重要问题，液态乳中的益生菌在整个货架期十分稳定，而酸乳产品中的益生菌由于对酸或氧敏感，存活数目易下降，这些因素可能使产品中活性益生菌含量低于上述规定和建议的水平。

含益生菌的膳食补充剂剂型有胶囊、粉剂、口服液、片剂，并添加了其他成分，如乳制品、非乳载体、羊乳粉、酸果提取物、低聚果糖、免疫球蛋白、发酵副产物及其他生物活性物质。

膳食补充剂主要作为保健食品和天然食品进行销售。过去的几年中，随着天然产品市场的总体增长，这一市场也稳定增长。益生

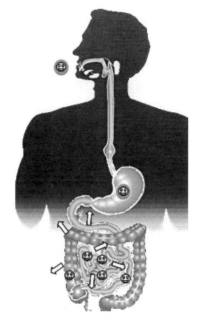

图3-1　微胶囊化益生菌菌体可免受胃酸破坏

菌的临床效力与每日摄入量有关。大量的益生菌生理效应研究（如治疗腹泻、乳糖不耐受、提高粪酶活性等试验研究）证实，每日有效摄入量为 $1 \times 10^9 \sim 10^{10}$CFU。现在膳食补充剂中活性益生菌含量很容易达到这一水平。由于缺乏对一般健康人群产生特定效果所需剂量的药理学资料，生产厂家难以标明益生菌的适应服用剂量。

在美国，另一种益生菌产品是生物治疗剂。这类产品并不普遍，患者在医生推荐下食用来缓解某些不适，而不是用来促进健康。一种用来治疗膜性结肠炎的含假丝酵母菌的新产品正处于试验阶段。一些非处方产品用于帮助那些易于产生阴道感染的妇女恢复正常的阴道菌群。

（二）美国益生菌市场规模

在美国，益生菌市场不断发展，现在的数据还不能反映其潜力，而且来自不同渠道的数据反映了产品的"附加值"特性，即益生菌成本可能只是成品成本的一小部分，而包装、运输、广告、收益及其他产品成分（如酸果提取物、抗氧化维生素、低聚果糖和乳粉）一起都加入到成本及成品的购买价格中。因此很难准确估计工业化生产益生菌产品的销售情况。以下是来自益生菌生产厂商、批发商和零售商的调查资料。与1995—1996年同期相比，1996—1997年3月美国市场中膳食补充剂益生菌销售上升了9%。所有销售的膳食补充剂中大约5%是益生菌产品，零售商益生菌产品销售额约为7200万美元。但这些数据不能外推至整个市场。益生菌类膳食补充剂零售价估计约为$2\sim10$美分$/1\times10^{10}$CFU，每瓶为100粒胶囊装，每粒含有1.5×10^{10}CFU的产品价格为12美元。含益生菌的液态乳产品价格盈利约为$10\%\sim30\%$。1994年，凝固性酸乳销售额上升10%，1995年上升4%，1997年上升3%。近年来发展迅猛，如达能公司2004年一季度的益生菌酸乳营业额上升了40%，雀巢公司2004年一季度集团销售额上升了76%。

（三）中国益生菌市场规模

在全球益生菌行业蓬勃发展大背景下，亚太地区整体市场规模表现抢眼。中国食品科学技术学会益生菌分会的数据显示（图3-2），2016年亚太地区益生菌消费规模占全球规模的份额进一步扩大，高达47%，其次是欧洲22%（西欧15%、东欧7%）、北美16.5%

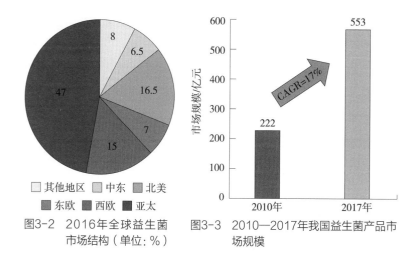

图3-2　2016年全球益生菌
市场结构（单位：%）

图3-3　2010—2017年我国益生菌产品市场规模

和中东6.5%。

中国益生菌的产业开发落后欧洲、日本等地区15～30年，正式开始于20世纪90年代末，但进入21世纪后，国内益生菌市场呈现奋起直追的态势。行业数据显示，2010年我国益生菌产品市场规模约222亿元，至2017年上升至553亿元，复合年均增长率（CAGR）等于17%左右。当时假设未来5年，我国益生菌产品市场规模维持17%的CAGR，预计到2023年其市场规模将达到1420亿元。

目前，国内益生菌原料占比最大为美国杜邦（50%），其次为丹麦科汉森（35%），两家约占国内益生菌原料市场的85%，其余厂商约15%。国内益生菌生产厂商较多，其中传统制药企业——青岛国海生物制药有限公司，近年在益生菌领域投入大量经费和时间，加速益生菌产品的研发。该公司位于青岛国家高新技术产业区，厂区建筑面积30000m²，拥有四栋符合新版GMP（良好生产规范）要求的洁净厂房和先进的医药物流仓库等设施，以及一流的产品研发中心和质量检验中心，最近又按欧盟标准对生产车间进行全面改造并通过了验收。除已进入日本和东南亚市场外，多项产品即将打入欧美市场。该公司采用丹麦专利技术，用医药设施条件生产优质益生菌产品，包含颗粒剂、干混悬剂、冲剂和益生菌饮品等，生产规模和市场不断扩大。期待该公司能为中国益生菌市场的发展做出新的贡献。

1. 下游应用以功能性食品为主

作为发酵食品、保健食品、药品、日化用品以及农畜牧等产业健康转型的探索方向，益生菌产业下游产品横跨发酵乳品、乳饮料、休闲零食、膳食补充剂、日化用品及动物饲料等多个领域，产品种类丰富。从应用角度出发，全球益生菌下游产品主要可分为功能性食品（85.8%）、保健食品与药品（8.6%）和益生菌原料（5.6%）三大类（图3-4）。

我国发酵乳制品的消费规模占国内益生菌整体市场的78.4%，

主要类别有酸乳大类、乳酸菌饮料、泡菜等，经过益生菌发酵后具有肠道润滑、调节血压血脂、增进消化等促进健康的作用。

如益生菌酸乳、各类益生菌粉冲剂、整肠产品、促消化药物。根据预测，2020年全球益生菌膳食补充剂的市场价值将达到80多亿美元。

各类益生菌原料、发酵果蔬汁、发酵乳原料，可用于循环生产，或作为市售果汁、酸乳的浓缩原料来源。

■ 功能性食品85.8%
■ 保健食品与医药8.6%
■ 益生菌原料5.6%

图3-4　益生菌下游应用（单位：%）

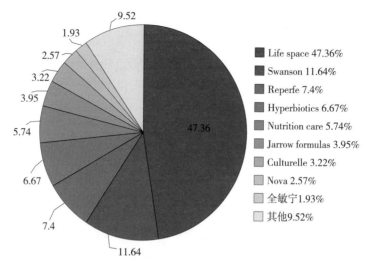

图3-5　国内电商平台膳食补充剂被外资品牌占据（单位：%）

是国内益生菌产业重要增长动力之一，现代生活随处可见的酸乳类产品就是最经久畅销的益生菌发酵乳制品。

2. 国内电商平台膳食补充剂被外资品牌占据

益生菌膳食补充剂方面，我国市场依旧主要由外资品牌占领（图3-5），大量外资品牌选择避开需要"蓝帽"申请的药店渠道，进入电商国际平台进行销售。数据显示，2017年淘宝平台销量前三甲为澳洲Life space、美国Swanson和日本酵素Reperfe，占整体规模的66.4%。

3. 差异化的益生菌产品将更受欢迎

以发酵乳制品为例，我国人均可支配收入的提升传导到乳制品消费端，表现为居民对乳制品的保健功能与种类多样化提出更高要求。预计，我国乳制品消费即将进入以"档次高、品种多"为特点的成熟期。市场上普通乳销售受挫，酸乳、含有活性益生菌的乳制品销量持续上升，酸乳引申品类中的发酵果蔬汁、发酵植物蛋白饮料等创新产品出现良好增长势头。

4. 乳源差异化

目前市面上绝大部分酸乳是以牛乳为发酵原料制成，原本集中在云南、内蒙古、陕西等地质植被以及气候条件舒适的地带。羊乳口感润滑细腻，营养价值高，近年来发展迅速，2017年体量达到65亿元。目前，植物蛋白发酵饮料在欧美等国开始流行，我国市场上流行的是大豆酸乳，目前体量约为6.35亿元。

5. 消费场景差异化

乳酪为西方舶来品，进入我国后已经拥有忠实的消费群体，经改良后大部分属于即食乳酪或餐饮配料，以当前平均18%年增长率计算，预计2020年市场规模将达到78亿元。发酵果蔬汁为我国近两年兴起的饮料之一，数据显示，2017年我国市场约有7~8种活跃的发酵果蔬汁饮品，主要销售渠道为便利店、水吧等地。

（四）益生菌产品的发展趋势

1. 益生菌产品发展的两条主线

益生菌产品功能性成分的挑战，仍然在于食品加工过程和贮藏期内保证其存活和保持生物活性。无数的研究已证明了益生菌的重要性，然而它们最大的缺点是活菌期时间短。益生菌产品最关键的是保持稳定，其中益生菌达到足够量才能发挥全部的益生作用。所以菌株的存活率和产品的稳定成为益生菌产品发展的两条主线，也是最大的挑战。合生元和微胶囊包埋技术成为实现益生菌产品两条主线的十分有效的方法。

（1）合生元　益生菌与益生元组成合生元。结合适当益生元不仅可以保证菌株的存活和产品的稳定，还可以提高益生菌产品的功能性。如今新的益生元食品材料正在不断被开发出来。另外中草药中的益生元（如枸杞多糖等）也是未来合生元产品开发的一个特色方向。有研究者使用一种肠模型——模拟人胃肠道的生理生化条件——来评价杏仁的益生元作用。研究者发现杏仁粉能显著提高双歧杆菌和真细菌的数量，具有益生元的作用。通过研究还发现，当杏仁的脂肪被除去时，它不会表现出益生元作用。这一结果表明了脂质对激活益生元反应的关键作用。与常见低聚果糖的益生元指数相比，含脂杏仁的益生元指数较高。这样，益生菌与杏仁组合的合生元食物（如合生元植物蛋白饮料）也是未来一个很好的商业化方向。

（2）微胶囊包埋技术　近年来，微胶囊包埋技术得到了很好的发展，已成功应用于外部环境下各种基质中活菌的保护，并改善它们在胃肠道中的存活性和稳定性。开发合适的包埋基质成为研究的重点之一。益生菌的微胶囊技术主要通过海藻酸盐胶或脂肪的喷雾涂层两种方法实现。有学者使用乳清蛋白实现了益生菌的微胶囊化。乳清蛋白包埋益生菌的蔬菜汁实验获得了很好的结果。2周储存期后发现仍然有33.4%的活菌，而未微胶囊化的对照组只有6.6%。这项以蛋白作为微胶囊基质来保护益生菌的技术，不仅实现了益生菌的逐步释放，而且提高了营养特性。尤其对于益生菌乳制品，具有良好的兼容性。

还有研究者将合生元的理念和微胶囊技术结合起来，采用双层包埋技术研究了益生元微胶囊包埋益生菌的特性。扫描传送电镜显示双层微胶囊包埋的益生菌表面圆形光滑，有厚厚一层由益生元基物和聚乙烯基邻苯二甲酸型增塑剂混合而成的包衣。在25℃贮藏36天后，双层微胶囊包埋低聚果糖的嗜酸乳杆菌ATCC 43121保持了稳定的活菌数。

2. 益生菌作为功能性食品成分的趋势

（1）益生菌酸乳　益生菌发酵乳制品已经发展成为最成功的一类功能性食品。为了提高益生菌的存活率，研究人员研制了浓缩酸乳。研究结果显示，总干物质提高的浓缩酸乳提高了嗜酸乳杆菌的存活率、酸乳酸度和稠度，同时pH下降和离水作用减少，说明了酸乳中的总干物质对益生菌存活也是很重要的。含有水果的益生菌酸乳在消费者间很受欢迎，人们添加多种水果制成搅拌型水果酸乳。近年来，功能性莓类酸乳是一个很好的方向。蔓越莓等都被添加到益生菌酸乳中，在保持了较高活菌数的同时，还丰富了酸乳的口味和提高了功能性。

（2）益生菌乳饮料　最新研究显示，益生菌在乳饮料领域也具有很大的开发潜力。有人研制的富铁益生菌乳饮料，就是结合微量元素开发益生菌产品的典型。发酵乳饮料通过铁的氨基酸螯合物强化，人体临床试验结果显示，摄入富铁益生菌乳饮料的儿童表现出较高的血红细胞水平，且铁摄入与血红蛋白呈正相关性。如何处理大量的乳酪副产品乳清，已成为人们的研究焦点。生产乳酪的原料乳中90%以乳清的形式被排出，乳清的主要成分是水，然而其中含有有价值的蛋白质和乳糖。益生菌乳清饮料也是提升乳清价值的一种方法。

（3）益生菌干酪　在合生元启发下，有人开发了新式合生元新鲜干酪。发现含有低聚果糖和菊粉混合物的合生元新鲜干酪兼顾了感官品质和功能性，双歧杆菌和嗜酸乳杆菌各自的活菌数较高。还有研究小组研制成功了具有降血压作用的益生菌契达干酪。

（4）益生菌冰淇淋　合生元和微胶囊技术在益生菌冰淇淋中得到了很好的应用。它们不仅能够保持足量的活菌数，还能保证甚至提高冰淇淋的感官品质。有人制作了含抗性淀粉同时胶囊包埋益生菌的合生元冰淇淋，结果显示，益生菌的胶囊化包埋可以显著提高益生菌在冰淇淋中的存活率，延长了货架期。

（5）谷物食品　谷物中因富含膳食纤维和维生素B族，近年来成为功能性食品争相开发的基质，益生菌也不例外。其实在亚洲和非洲一些地区，谷物发酵饮料和酸粥具有很久的历史。益生菌发酵谷物食品具有促进健康的特性，因为它将益生菌和益生元两种理念很好地结合在一起。有人使用益生菌对全燕麦谷物基质进行发酵，获得一种含有β–葡聚糖的合生元饮料。这种燕麦合生元饮料的活菌数约为7.5×10^{10} CFU/mL，冷藏条件下货架期达到21天。

（6）果蔬汁　许多植物中含有的丰富益生元是益生菌活性的重要保证。有人研究了选择胡萝卜汁作为双歧杆菌的发酵基质。所有的双歧杆菌都能在胡萝卜汁中良好生长，无需添加其他营养素。有人研究了一种卷心菜汁工艺，干酪乳杆菌、德式乳杆菌、植物乳杆菌混合菌株发酵卷心菜汁，经过30℃48小时发酵后，活菌数接近10^8CFU/mL。4℃贮藏4周后，植物乳杆菌和德式乳杆菌有着很好的存活率。还有人对益生菌黑醋栗果汁进行研究，发现益生菌带来了风味上的变化。

（7）发酵豆乳　豆乳含有丰富的低聚糖益生元，是乳酸菌生长良好的培养基，尤其是对于双歧杆菌的生长。更重要的是，益生菌可以将功能性成分大豆异黄酮糖苷向具有生物活性的异黄酮苷元转化。研究者测定了单菌发酵豆乳中的异黄酮苷元的含量，结果显示，豆乳不仅保持了较高益生菌活性，而且大豆异黄酮苷元的含量显著增加。

（8）发酵香肠　益生菌在发酵香肠方面有着很好的作用，主要是基于益生菌能钝化致病菌的生长。最新研究发现，粪链球菌可以作为手工发酵干香肠的天然防腐剂，接种粪链球菌香肠与对照组相比，在色泽、风味、口感等感官性质方面无差异。而且接种粪链球菌的香肠在发酵终点含有较少的肠杆菌和金黄色葡萄球菌。干制完成后，这两种有害菌没有存活。

二　益生菌乳制品

（一）双歧杆菌乳制品

1. 双歧杆菌生理生化及益生作用

Tissier于1899年首先在母乳哺育的婴儿粪便中发现双歧杆菌（*Bifidobacterium*, BB），它是一种定植于人类和哺乳动物体内、重要的生理革兰阳性细菌，属于乳酸菌，无内毒素和外毒素，对人畜均无致病性。双歧杆菌可促进消化吸收，合成多种维生素，促进肠道蠕动，分泌乳酸，抑制某些有害菌生成，防止便秘，增强人体免疫力。近年来，双歧杆菌的商业化生产逐渐加快，其产品主要有乳酸脂、酪乳、酸乳、乳粉、速冻点心等；同时国内也认识到功能性因子的潜力，加强了对双歧杆菌等有益机体微量成分的研究。

目前，国际上公认可安全应用于食品的5种双歧杆菌是两歧双歧杆菌、青春双歧杆菌、婴儿双歧杆菌、长双歧杆菌和短双歧杆菌。在人体肠道内，自然繁殖的双歧杆菌数目在人的一生中，不是一成不变的，而是随着年龄增长，胃肠分泌量减少，再加上环境污染及抗生素等原因，双歧杆菌在体内含量逐渐下降。仅从维持肠道中微生物区系平衡出发，就应该人为补充双歧杆菌。

双歧杆菌的主要生理功能如下。

①产生有机酸使肠道中pH下降，抑制病原菌感染。双歧杆菌能够有效地降低胃肠道pH，并在肠黏膜表面形成一个生物屏障，阻断致病菌的黏附位点；同时双歧杆菌产生的抗菌复合物和细菌素，能够拮抗致病菌的定植和生长，抵御伤寒杆菌、痢疾杆菌、致泻性大肠杆菌等致病因素的侵袭。

②抑制腐败细菌的繁殖，防止腹泻和便秘。双歧杆菌素等一些由双歧杆菌产生的抗菌素物质，可抑制外源性致病菌和肠道内固有腐败细菌的生长繁殖，降低腹泻的发生。双歧杆菌发酵低聚糖产生大量的短链脂肪酸，能刺激肠道蠕动，增加粪便湿润度并保持一定的渗透压，从而防止便秘的发生。

③合成维生素，生成微量元素。双歧杆菌在肠道中能合成多种维生素，有效而缓慢地被人体吸收，如烟酸和叶酸等。双歧杆菌还可促使锌、锰、铁、磷、钙等多种微量元素从难以降解的状态释放出来。

④降低胆固醇和血压。双歧杆菌通过影响β-羟基-β-甲基戊二酸单酰辅酶A还原酶的活性，控制胆固醇的合成，从而降低血清胆固醇的含量。因此，双歧杆菌具有降低总血清胆固醇含量、提高血清中高密度蛋白胆固醇占总胆固醇比率的功效。研究人员每天给家兔饲喂含25%胆固醇的饲料再加长双歧杆菌，13周后发现雄性家兔血清胆固醇与对照组相比，3只家兔中有2只明显抑制了胆固醇水平的升高。另有研究表明，人的心脏舒张压高低与其粪便中双歧杆菌数占总菌数的比率呈明显的负相关，调节其比例可有效控制血压高低。

⑤促进蛋白质的消化吸收。双歧杆菌能合成被肠道吸收利用的氨基酸类。双歧杆菌的存在使肠胃消化系统适应性增强，延长氮化合物停留时间，提高其营养利用率。另外，发酵乳制品由于双歧杆菌的作用使乳糖和蛋白质水解，有助于人体对钙离子的吸收，预防贫血和佝偻病。

⑥改善乳糖消化性。人和动物小肠所分泌的β-半乳糖苷酶数量不足，摄入乳糖后往往引起消化不良。乳糖在肠道内受到细菌作用会出现胀气，产生不适感，胆汁又能够抑制一些产此酶的杆菌（如保加利亚乳杆菌等）。相反，双歧杆菌能耐胆汁，其分泌的β-半乳糖苷酶对乳糖分解时间长，能够改善乳糖消化性。同时，双歧杆菌还能利用肠道食物中的糖类生成乳糖，可使大肠内容物由弱碱性变为弱酸性，以减轻碱性物质对大肠黏膜的刺激，减少大肠、直肠发生破裂的可能性，以及发生溃疡和炎症的可能性。

⑦提高人体免疫力。双歧杆菌能激活吞噬细胞活性，增强机体细胞和体液的免疫力，提高机体的抗感染能力。人类口服双歧杆菌可以诱导免疫原反应。双歧杆菌能增加免疫球蛋白A抗体的产

生，从而增强机体防御能力。它还能拮抗氧自由基、羟自由基及过氧化脂，有抗衰老作用。

⑧分解致癌物。抗肿瘤活性双歧杆菌可控制内毒素血症，能够降解亚硝胺等致癌物前体，且具有抗肿瘤活性，能直接消除致癌源。例如短双歧杆菌对于由肉类烧焦时所产生的致癌物质有很高的吸收特性，长双歧杆菌能预防小鼠的肝癌、结肠癌和乳腺癌的发生，尤其是对结肠癌发生的抑制率达100%。蔡访勤研究报道，双歧杆菌对小鼠胸腺细胞和脾细胞抗肿瘤免疫功能具有激活作用。

2. 双歧杆菌的应用

以双歧杆菌为主的食品有多种，而又以乳制品居多，例如，双歧杆菌酸乳、双歧杆菌酸乳冰淇淋、双歧杆菌乳制品乳粉、双歧杆菌保健食品等。双歧杆菌活菌直接摄入机体，能快速补充益生菌。但双歧杆菌具有严格的厌氧性和营养要求，且生长缓慢易受环境条件变化影响而死亡。加之外源菌难于通过宿主胃肠屏障而在肠道中定植，且需连续摄入以避免已定植的外源菌被排除，因而它在食品工业中的开发有一定的局限性。

我国的双歧杆菌活菌制剂产品有三株口服液、丽珠肠乐、培菲康、复方双歧杆菌豆乳等，主要以药品的方式被人们接受，用于治疗各种腹泻。而复方双歧杆菌豆奶正被作为一种保健饮品进入人们的生活。张余诚团队研究报道，富含活性双歧杆菌的发酵豆乳可制成具有营养、保健、消暑三大功效的保健型发酵豆乳冰淇淋。有研究者采用发酵工艺、冷冻干燥工艺及喷雾干燥工艺等生产双歧杆菌豆乳粉，在25℃干燥条件下保存，豆乳粉中的活菌数保持基本稳定的时间在6个月以上。

近年来，随着微生态学理论的不断深入，人们的注意力已从生产双歧杆菌活菌制剂转移到双歧杆菌促进因子的研究生产上来。现已发现的双歧杆菌促进因子（又称双歧因子）主要包含含氮多糖或寡糖、酶类、辅酶前体、蛋白水解物、肽类、氨基酸、维生素等。金海丽等研究报道，非消化寡糖是一种重要的双歧因子，它具有以下功能：促进双歧杆菌生长繁殖；提高动物的排泄速度；降低血氨的浓度；增进矿物质元素的吸收；改善脂质，降低血压及血清胆固醇；增强动物机体免疫功能；减少有害发酵产物及有害细菌酶的产生；保护肝脏等。

目前，双歧食品的开发向合生元方向发展。合生元具有双歧杆菌活菌的速效性以及双歧因子的刺激生长作用，是益生菌和益生元并用的制剂。例如，保健乳多含有双歧杆菌、双歧因子、乳酸菌等，其中大量的双歧杆菌和乳酸菌进入肠道后立即发生效应；而双歧因子是慢效性物质，是促进双歧杆菌生长繁殖的营养物质，能使双歧杆菌大量繁殖后发挥作用。由此可见，合生元制剂也是今后双歧杆菌制品开发与研究的发展方向。

双歧杆菌是非常有价值的膳食添加剂，可以完美地添加到乳制品中，从而赋予其更多的功能和健康属性。早在20世纪40年代，德国就将双歧杆菌制剂用于婴儿消化道疾病的防治。日本森永乳业公司于1971年开发出首款双歧杆菌制品，至今日本已成为世界上最大的生产双歧杆菌制品的生产国，包含70多个品种，其中50种以上是乳制品。在法国、美国、印度、英国等国家，双歧杆菌乳制品的产量增长都很快。

我国对双歧杆菌的研究和应用是2000年以后的事。现已有含双歧杆菌的乳粉、双歧杆菌酸乳等品种上市。随着社会进步，人们期待着更多高质量的双歧杆菌制品研究成功并投放市场。

目前双歧杆菌乳制品的益生作用还缺乏良好的结构化信息。其次，还需要合理设计一些双歧杆菌功能研究，从而能更好地解释双歧杆菌作为益生菌的具体作用机制。此外，随着全球微生物领域的发展和生物工程技术方面的进步，可以在双歧杆菌的基因改良方面投入更多的关注，进而开发出更多更适合人类健康的发酵乳制品。

（二）嗜酸乳杆菌

1. 嗜酸乳杆菌生理生化及益生作用

嗜酸乳杆菌属乳杆菌科中的乳杆菌属，为革兰阳性菌，形态呈细长杆状，最适生长温度为35～38℃，20℃以下基本不生长，耐热性差；最适pH为5.5～6.0，耐酸性强，能在其他乳酸菌不能生长的环境中生长繁殖。能利用葡萄糖、果糖、乳糖、蔗糖进行同型发酵，发酵产生DL-乳酸。蛋白质分解力弱，在乳中产酸速率偏低，主要是由于其不完全的蛋白分解酶系、氧化还原电势和微量元素所致。

嗜酸乳杆菌生长繁殖需要一定的维生素等生长因子，在适宜生长温度下培养生长缓慢，生产周期长。在乳中添加降低氧化还原电势的物质（如抗坏血酸、半胱氨酸等）以及生长促进物质，如肝浸出物、胡萝卜浸出物、乳糖、乳糖水解物和酪蛋白水解物等，可促进嗜酸乳杆菌的生长。对于嗜酸乳杆菌及其他乳杆菌来说，其生长必需的氨基酸有精氨酸、谷氨酸、亮氨酸、异亮氨酸、色氨酸、酪氨酸和缬氨酸。供以脱氧核糖核苷，嗜酸乳杆菌产酸速率增强。胸腺嘧啶脱氧核糖核苷也是嗜酸乳杆菌的一个重要生长因子。此外，一些B族维生素及叶酸也是嗜酸乳杆菌的生长因子，所有这些物质都可以促进嗜酸乳杆菌的生长。

嗜酸乳杆菌广泛存在于人及一些动物的肠道中，在试验研究中一般从初生婴儿粪便或其他动物的消化道中分离。但大部分乳酸菌菌株具有种属特异性，从某一类动物体内分离到的乳杆菌只对该种动物的消化道具有较强的黏附性，对其他动物则表现为低黏附性或无黏附性。

嗜酸乳杆菌是乳酸菌家族中侧重研究与开发的益生菌之一，被视为第三代酸乳发酵剂菌种。嗜酸乳杆菌是人体肠道中的重要微生物，与人体健康息息相关，当其达到一定数量时，即可起到健康促进效果。嗜酸乳杆菌的生理功能主要如下。

（1）营养作用　嗜酸乳杆菌能分泌多种蛋白酶，促进蛋白质的消化吸收，如β-半乳糖苷酶，促进人体对乳中乳糖的吸收，从而缓解乳糖不耐受症。乳酸菌发酵后产生的乳酸，可促进胃内食物的预消化，提高钙、磷、铁的利用率和维生素D的吸收。乳糖分解产生的半乳糖，是构成脑神经系统中脑苷脂的成分，与婴幼儿出生后的生长有密切关系。同时产生的大量B族维生素，能促进人体神经细胞的发育。

（2）生物屏障作用　嗜酸乳杆菌在肠道内定植，相当于自然免疫，能激活机体巨噬活性，诱发特异性和非特异性免疫反应，提高抗感染的能力。同时，嗜酸乳杆菌通过其自身及其代谢物与其他细菌之间的相互作用，调整菌群之间的关系，维持和保证菌群最佳优势组合以及这种组合的稳定，阻止致病菌的定植和入侵，拮抗致病菌和有害微生物的生长及其毒素的黏附。这样的相互作用、密切结合就构成了生物学屏障。

（3）抗癌作用　肠道腐败性细菌作用于食物成分和胆汁酸盐类，能生成亚硝基化合物、胆固醇及胆汁酸的代谢物、氨基酸代谢物（酚类、吲哚、硫化氢）等有机致癌物质，还有与致癌物质有关的肠内细菌酶，如β-葡萄糖醛酸酶、巯基还原酶、偶氮还原酶等。嗜酸乳杆菌能改善肠道菌群，抑制这些致癌物质的产生。同时嗜酸乳杆菌及其代谢物活化了免疫功能，抑制癌细胞的形成和增殖。

（4）延缓机体衰老　人的衰老与肠内有害细菌产生的氨、胺、硫化氢、吲哚、酚、粪臭素等有害腐败产物有很大关系。嗜酸乳杆菌代谢产生的乳酸抑制了这些腐败物的产生，使机体衰老的过程变得缓慢。据报道，保加利亚人的长寿和长期服用酸乳有关。

2. 嗜酸乳杆菌在乳制品中的应用

嗜酸乳杆菌是广泛存在于人及一些动物肠道中的微生物，它在代谢过程中可产生乳酸、抗生素（细菌素）、醋酸等，具有抑制肠道内有害微生物的作用。由于该菌具有耐酸性和耐胆汁性，通过胃肠道有较多留存，因此国内外对该菌在食品上的开发极为重视，国外已利用该菌生产出了特殊酸乳，如AB酸乳。

概括起来，目前生产上对嗜酸乳杆菌的应用，主要有以下几种方式。

（1）作为发酵菌种改善酸乳品质　目前发酵生产中常用的保加利亚乳杆菌和嗜热链球菌，对胃液的低pH和胆汁非常敏感，较难以活性状态到达肠道，因而无法实现乳酸菌的生理保健功能。由于单一嗜酸乳杆菌在乳中生长慢而发酵时间长，且产品酸涩，风味差，活菌保存期短，因而限制了这种酸乳的发展。研究表明，嗜酸乳杆菌和嗜热链球菌混合发酵的酸乳风味明显优于嗜酸乳杆菌单独发酵，凝乳时间也大为缩短。将嗜酸乳杆菌与能够产生乙醛及丁二酮等风味物质的丁二酮乳链球菌混合发酵，提高了酸乳风味。据报道，将嗜酸乳杆菌、粪肠球菌、保加利亚乳杆菌、嗜热链球菌都按1%的量组成发酵剂，由这种发酵剂组合发酵而成的酸乳酸甜可口、香味浓郁、后味绵长，风味独特，是一种集营养保健于一身的饮料。

（2）作为功能成分丰富的酸乳品种　鉴于嗜酸乳杆菌独特的营养保健功能和较强的耐酸及耐胆汁盐能力，近年来日本、美国及欧洲一些国家对嗜酸乳杆菌的研究与开发极为重视。我国食品工作者也在积极开发第三代乳酸发酵剂酸乳，将具有保健和治疗作用的传统食品或药品，采用现代生化技术将其功能成分添加入含有嗜酸乳杆菌活菌的酸乳中，目前市场上已经出现了一些该类产品。

芦荟为百合科多年生、常绿肉质草本植物，有很高的药用价值和营养保健价值，被当代营养学家誉为神奇的植物、健康医生、未来型保健食品。鉴于芦荟和嗜酸乳杆菌两者的营养功效，以嗜酸乳杆菌为主要发酵剂，芦荟凝胶、全叶汁为主要原料之一的酸乳已在研发之中。经嗜酸乳杆菌协同发酵胡萝卜汁制得的产品，既保持了胡萝卜本身的营养成分，又有乳酸发酵的特点，富含乳酸，风味独特，是一种理想的保健饮料。魔芋富含葡甘露聚糖，是一种低热低脂的优质减肥保健食品，有"肠道清洁工"之称，被誉为"21世纪人类首选天然保健食品"，而新型魔芋酸乳业已面世。还有一些具有医疗保健作用的物质，如罗汉果、决明子、红枣等与嗜酸乳杆菌混合的乳制品正在研究之中。

（3）其他方面的应用　嗜酸乳杆菌日益成为乳酸菌家族中极受重视的益生菌，传统的乳酸菌发酵剂逐渐被遗弃，取而代之的将是一次性直投式粉末发酵剂。研究和开发此类发酵剂不仅可以直接用于生产发酵乳品，也可以作为食品添加剂使用或直接食用。但当前许多产品都不能有效防止活菌数的衰减。如何提高活菌量并延长活菌保藏期，已成为活菌制剂产品研究开发的技术关键。国内外有关粉末发酵剂的研制，大多采用冷冻真空干燥工艺，也有采用喷雾干燥工艺。但冷冻和干燥过程会造成部分微生物细胞的损伤、死亡及某些酶蛋白分子的钝化，如何选择合适的保护剂来避免这些问题，许多学者正在探索之中。

近些年，我国人民在饮食结构上逐渐走向科学化、营养化和多样化，人们对乳品消费也有了新的需求。随着现代生物技术的发展和我国中药材的深入研究，将具有特定保健作用的物质与食品加工相结合，开发集医疗保健和美食为一体的产品，将会是一个重要的研究领域。

（三）其他益生菌乳制品

1. 鼠李糖乳杆菌乳制品

鼠李糖乳杆菌（*L. rhamnosus*）多存在于人和动物的肠道内，细菌分类学属于乳杆菌属，鼠李糖亚种，是厌氧耐酸、不产芽孢的一种革兰阳性菌。鼠李糖乳杆菌不能利用乳糖，可发酵多种单糖（葡萄糖、阿拉伯糖、麦芽糖等），具有耐酸、耐胆汁盐、耐多种抗生素等生物学特点。鼠李糖乳杆菌功能主要有以下几点。

（1）平衡肠道菌群，改善肠道功能　正常情况下，人体肠道内的微生物菌群相当恒定。鼠李糖乳杆菌GG株（LGG）是目前研究最多、应用最多的鼠李糖乳杆菌，研究表明LGG发酵乳可以显著增加肠道内有益菌（例如双歧杆菌和乳酸杆菌）的数量。尽管LGG可以成为肠道菌群的一部分，但它却不会替代所有的乳酸杆菌。LGG占总乳酸杆菌数的比例因人而异，而且该比例很可能与肠道本来的乳酸杆菌数有一定关系。

细胞培养试验表明，LGG能够减少鼠伤寒沙门菌对细胞的侵入。动物试验表明：LGG可以改善定植抵抗力，保护肠道免受有害菌的入侵。与对照组相比，摄入LGG的老鼠肠道中沙门菌的数量明显少得多。而且被沙门菌感染的老鼠摄入LGG后，可以存活更长的时间。

（2）预防和治疗腹泻　Oberbelman等对营养不良的儿童腹泻进行了15个月的研究，发现LGG对于腺病毒引起的腹泻具有明显预防效果。LGG对18~29个月孩子腹泻的预防是十分有效的，而且，它对非母乳喂养的孩子腹泻的预防更为有效。Young等研究发现LGG对儿童因抗生素治疗而引起的腹泻腹痛有明显的治疗效果，且无任何副作用。

Oksanen等在土耳其对一些旅行者研究发现，若一天口服两次LGG产品，对旅行者腹泻的治疗是十分有效的。Hilton等对美国去亚洲、东非、南美等地的旅行者腹泻发病情况进行了研究，发现每天口服一粒LGG胶囊可预防旅行腹泻的发生，而且发现LGG对以前从未发生旅行腹泻者更为有效。LGG和Lactophilus乳杆菌粉、酸乳发酵剂进行治疗腹泻效果的比较，发现只有LGG对腹泻的加速恢复有作用。Lactophilus也含有鼠李糖乳杆菌菌株，但相同种的不同菌株在功能上也会有很大的差别。

（3）提高机体免疫力　临床试验证明：LGG可以增强IgA对食物抗原的抵抗力。一些消炎药能够引起胃肠道黏膜的渗透性增加甚至出血，而LGG可以帮助胃黏膜的渗透性保持正常。Majamaa等人研究了因牛乳过敏而发生湿疹的儿童，当他们摄入不含牛乳的LGG产品后，患者症状和程度大大减轻了。LGG可以增加非特异性免疫反应，明显地降低因过敏而产生的炎症。一方面，LGG可以增加免疫防御能力，促进免疫反应，另一方面，LGG还可以减少过敏反应中的过度活性免疫反应。

（4）保护胃黏膜　当发生肠炎或微生物菌群平衡被打破的时候，胃黏膜的渗透性就会增加，大的抗原分子和肠道微生物就可以穿过黏膜进入系统。当试验动物摄入LGG后，黏膜的成熟过程就变得正常了，抗原的渗透也得到很好的控制。上述实验结果与IgA有很大关系。

（5）降低水解酶活性，减少毒素　结肠中的微生物菌群与结肠癌的发病率有很大关系。肠道微生物的水解酶类可以将食物中的致癌物质前体转化为致癌物。LGG发酵乳则可以降低结肠中这些水解酶（葡糖苷酸酶、甘氨胆酸水解酶、硝基降解酶、胰蛋白酶等）的活性，以及尿中有毒的p-甲酚的分泌。此外，研究者还发现LGG可以结合一些细菌毒素，如黄曲霉毒素和葡萄球菌毒素等。

（6）预防龋齿　早期的研究主要集中在胃肠道方面，但最近的一些研究表明，LGG对龋齿也具有一定的作用。Meurman教授等人研究了LGG对儿童龋齿的预防作用，试验对象为451名1～6岁的儿童，试验期为7个月。结果发现，LGG对龋齿的发生具有一定的预防作用。龋齿的产生主要与一些细菌产酸有关，而LGG能够抑制这些细菌的生长，从而对牙齿产生保护作用。

鼠李糖乳杆菌的应用范围十分广泛，主要包括：酸乳或其他发酵乳制品、牛乳、新鲜干酪、硬质干酪、婴儿食品、乳饮料或非乳饮料以及医药品，如胶囊、小包药片等。1987年，芬兰维利奥公司获得了LGG的全球唯一授权。1990年，维利奥有限公司推出了第一个含有LGG的发酵乳，除了一些传统产品的酸乳等发酵制品外，还包括果汁饮料、干酪、胶囊等。在芬兰，很多医院都使用LGG产品（乳制品和胶囊）。通常LGG用于那些免疫力十分低下的儿童，例如患有严重疾病或经过细胞毒素疗法，或艾滋病患者及血液病人等。通过授权的方式，维利奥有限公司与全球各个国家的公司进行合作。

目前，LGG产品已在全球近40个国家和地区生产和销售，例如芬兰、美国、日本、韩国、法国、德国等。LGG在全球范围的成功归因于大量保健功能方面的科技文献以及菌株本身优异的技术特性。2005年8月，中国伊利集团与芬兰维利奥公司签订了LGG在中国大陆地区的独家使用权协议。这一协议的签订，表明今后中国消费者也可以品尝到新的酸乳等美味发酵乳制品，而且是LGG这样的全球知名菌株所生产的。2006年3月，伊利集团相继推出了系列LGG酸乳和世界上第一支LGG雪糕，这一系列产品除了良好的益生功效以外，还具有非常好的口感。

2. 益生菌干酪

益生菌干酪，是新型干酪的一个研究热点，也是益生菌食品中最受青睐的一类食品。从1994年Dinakar等第一次以双歧杆菌研究益生菌契达干酪以来，越来越多的研究者把益生菌和干酪结合起来，到目前为止益生菌干酪的研究几乎已涉及所有干酪类型，例如，新鲜干酪、软质干酪、半硬质干酪、硬质干酪和白卤干酪等。

干酪是通过把液体的牛乳（或羊乳等）通过凝乳、排乳清、盐渍、成型、成熟等得到的固体状的发酵乳制品。益生菌干酪，顾名思义就是含具有活力益生菌的干酪，而且益生菌的含量要达到一定数值，一般认为每日食用100g或者100mL的产品里，含有益生菌数量达到$10^8 \sim 10^9$CFU才能被认为是具有益生作用的食品。据报道，阿根廷市售的一种益生菌新鲜乳酪，10年间（1999—2008年）益生菌含量都达到了益生菌起益生作用的要求值10^6CFU/g。

Hatakka等研究了食用益生菌干酪对老年人口腔念珠菌病的影响，发现食用益生菌干酪（含鼠李糖乳杆菌、费氏丙酸杆菌谢尔曼亚种）的老年人，口腔念珠菌病的发病率要远比没有食用益生菌干酪的低。同时也有食用益生菌干酪能提高人体免疫力方面的报道，Ibrahim等用含有鼠李糖乳杆菌和嗜酸乳杆菌的益生菌干酪研究了31位年龄在72 ~ 103岁老年人的免疫力情况，结果发现食用益生菌干酪的人群，其自然杀伤细胞的细胞毒性明显得到了提高，说明食用益生菌干酪能够加强老年人的免疫力。

另外益生菌干酪具有预防龋齿发生的研究也有报道，Ahola、Mortazavi等分别用益生菌埃德姆干酪（含鼠李糖乳杆菌LC705和鼠李糖乳杆菌LGG）和益生菌白干酪（含干酪乳杆菌LAFTI—L26），研究益生菌干酪对年龄在18 ~ 35岁和18 ~ 37岁人群口腔健康的影响，前者得出的结果是实验组（食用益生菌干酪）和对照组（食用不含益生菌的干酪）相比，变异链球菌没有特别显著的差别，但是存在使变异链球菌减少的趋势；而后者的结果是实验组和对照组相比变异链球菌的变化没有特别显著的差别，但都使人的口腔内的变异链球菌的数目减少。目前研究中用于益生菌载体的干酪有契达干酪、类契达干酪、白卤干酪、米纳斯新鲜干酪、新鲜干酪、阿根廷新鲜干酪、巴西米纳斯干酪、鲜奶油干酪、土耳其白干酪、派特格司干酪、克雷莫寿干酪、小瑞士干酪等。用于益生菌干酪研究的菌株主要是乳杆菌和双歧杆菌。

益生菌干酪要实现其益生作用，就要求益生菌伴随着干酪的食用能够安全地通过人体胃肠道而存活下来，进而在人体肠道内生长和（或）增殖，这一目标的实现就要求干酪内益生菌能够耐受住胃液的强酸环境和小肠内胆汁的作用。其实，干酪作为益生菌载体具有得天独厚的优势，首先干酪本身就是一种缓冲体系，能为益生菌通过胃的强酸环境起到缓冲作用；再者干酪致密的质构和高的脂肪含量，也为益生菌通过胃肠道提供了保护作用。研究益生菌干酪的独特思路，有添加益生元以增强益生菌的功能（同时也可给干酪带来益生元的功效）和益生菌微胶囊化。

益生元是一种能选择性地刺激一种或几种细菌的生长与活性，而对宿主产生有益影响的一种不可被消化的食品组分。目前应用于干酪研究的益生元主要是菊糖、低聚果糖（FOS）和抗性淀粉，它们可能存在促进益生菌在干酪内存活的作用。有研究表明，人同时食用嗜酸乳杆菌和一种短链低聚果糖的益生元时，嗜酸乳杆菌的功能得到了强化。另外Cardarelli等研究也表明，有菊糖和低聚果糖存在时，干酪内益生菌的存活率相对稳定。益生元也具有独特的益生作用，例如提高短链脂肪酸的表达或改变短链脂肪酸的组成、适度降低结肠内的pH、提高与矿物质吸收有关蛋白的表达或者增强转运蛋白的活力和调节免疫系统等。益生菌和益生元这一独特的关系，以及干酪这一良好的载体，都为益生菌干酪的开发提供了便利，而且极易实现一种新功能产品的开发。

近些年，国内外利用益生菌发酵肉制品的研究，主要集中在发酵香肠的应用上。在20世纪初期，发酵香肠的生产是通过加入一小块已经发酵过的产品作为发酵引子，或加入一些促进原料中对产品发酵有利的物质来完成的。目前，一些具有益生作用的发酵香肠已经被商业化，如1998年德国的一家公司生产意大利蒜味香肠，其中包括3种不同的益生菌。同一年日本生产的一种益生菌发酵香肠中包含乳酸菌。发酵肉制品通常不需要加热或者仅需轻微加热，这一特性作为益生菌载体是很好的，其次发酵香肠的基质结构能有效保护益生乳酸菌在消化道中的生存。但是发酵肉对益生菌的负面影响也不容忽视，如腌制盐的浓度、较低的pH和水分活度等，这些因素会引起益生菌的死亡。一般来讲，能在发酵肉中很好存活的细菌，需要很强的耐受力。

目前关于发酵香肠中益生菌对宿主的生理功能特性，还需要进一步的研究和相关的科学依据。或者可以这样说，发酵肉中益生菌促健康的作用仅表现在体外环境中，能否在人体肠道环境中很好生存并且发挥益生作用还未可知。另外从肠道中分离的益生菌，能否在发酵肉环境中生存同样需要研究。有研究报道称，从人类肠道中分离的几株乳酸菌已经证实能在发酵肉中存活。值得注意的问题是，目前发酵香肠中益生菌的研究，主要集中在益生菌对终端产品的感官评价和对工艺的影响，而对于人体的有益影响尚缺乏科学依据。

发酵肉制品对于益生菌的选择标准，首先要耐受胃酸、胆酸及溶菌酶的溶解，另外在肠道内具有凝集作用，能够耐受胰腺酶。此外，还需要满足安全性的要求，发酵肉中的益生菌需要具备抵抗抗生素能力。科学研究发现，目前很多基因工程菌种中包括抵抗氯霉素、红霉素和四环素的菌种。一般情况下乳酸菌对青霉素G、氨苄、四环素、红霉素、氯霉素和氨基苷类等抗生素比较敏感，因此对于一些包含工程菌的发酵肉产品，在选择益生菌时需要特别注意。另外，发酵肉具有特殊的产品特色，如腌制盐的浓度、较低的pH和水分活度等，这些因素会引起益生菌的死亡，能在发酵肉中存活的细菌需要很强的耐受力，因此发酵肉中益生菌的筛选就显得非常重要。

发酵肉中适宜的益生菌除了具备很好的生存能力外，还要能促进宿主健康。具有这一特点的菌株可以从现有发酵肉中分离筛选，或者从目前市场上商业化的发酵剂中选择。马德功等利用pH2.5和1%胆盐的MRS液体培养基，对自然发酵肉制品中耐酸耐胆盐的乳杆菌进行筛选，从中分离纯化得到77株乳杆菌。通过对分离菌株进行耐高酸（pH2.5）、耐0.3%胆盐生长的进一步测定，筛选出21株耐酸及耐胆汁酸盐菌株，最后运用API50CHL对筛选菌株进行鉴定。这些菌株可活体摄入人体肠道后发挥其益生性。

发酵肉中使用的益生菌，除了须耐受一定的生理条件外，其保健作用不容忽视。益生菌的保健作用具有一定的菌株依赖性，另外有些作用目前还具有争议性。例如某些乳酸菌可缩短肠道转运时间，减轻乳糖消化不良所带来的痛苦；有些益生菌具有抗菌效果和改善腹泻、调节免疫系统等功效，但存在一定的争议。关于益生菌具有抗癌和降低血清中胆固醇的作用等，还需要进一步的科学证据来支持。

总的来说益生菌主要通过以下三方面来影响宿主。

（1）和其他微生物互相作用（营养竞争，抗菌素的产生，竞争性排除）；

（2）增强黏膜屏障；

（3）影响宿主的免疫系统。

以上作用在选择发酵肉制品的益生菌时，都是需要考虑的问题。

目前应用在肉制品中的益生菌，最常见的是双歧杆菌和乳酸菌，另外还包括部分乳球菌、肠球菌、酵母和丙酸杆菌。目前被开发利用的益生菌以乳酸菌为主，如商业化发酵剂*Lactobacillus sakei* Lb3和*Pediococcus acidilactici* PA-2，这2种菌能在模拟的消化道中很好地生存。从发酵香肠中分离的*Lactobacillus casei/paracasei*，同样能在模拟的肠道环境中具有活力。从发酵肉中分离的 *L. plantarum*菌株，对CaCo-2细胞系具有很好的吸附作用，被认为是非常好的吸附细菌。路守栋等选择干酪乳杆菌（*Lactobacillu casei*，Lc）、嗜酸乳杆菌（*Lactobacillus acdophilus*，La）、保加利亚乳杆菌（*Lactobacillus bulgaricus*，Lb）三种益生菌作为发酵肉发酵剂，对其发酵特性进行研究，结果表明：三种菌都有较强的耐亚硝酸盐和食盐能力，能够耐受150mg/kg亚硝酸盐和6%食盐；所选菌种无蛋白和脂肪分解能力，能够有效降低pH，抑制致病菌的生长，适合发酵肉制品的生产。

关于发酵肉中的益生菌，有很多抗菌效果的报道。如*Lactobacillus reuteri* ATCC55730和*Bifidobacterium longum* ATCC15708能使*Escherichia coli* O157∶H7失活，*Lactobacillus rhamnosus* FE R MP-15120和*L. paracasei* FE R MP-15121能够抑制*Staphylococcus* *aureus*的生长和毒素的分泌。有研究表明，在发酵肉中添加6种不同的益生菌（*Lactobacillus acidophilus, Lactobacillus crispatus, Lactobacillus amylovorus, Lactobacillus gallinarum, Lactobacillus gasseri, Lactobacillus johnsonii*），其中*Lactobacillus gasseri*具有很好的发酵效果，能耐受胃酸和胆盐，并且该菌株对肠道系统没有副作用，接种菌株后能有效控制*Staphylococcus aureus*的生长繁殖。该研究结果为乳酸菌既能作为发酵肉的发酵剂，同时具有一定的保健效果提供了理论依据，从而进一步提高了发酵肉制品的营养价值。

从西班牙腊肠中筛选不同的乳酸菌益生菌，用筛选出的益生菌作为发酵剂制作香肠，其中*Lactobacillus sakei* 和*Lactobacillus curvatus* 具有非常优良的特性，能耐受酸性和极低的水分活度；*Lactobacillus reuteri* 作为发酵剂能有效控制大肠杆菌O157：H7的存活；还有以下菌株都被用在发酵肉中作为益生菌株，包括*Bifidobacteriumlongum, Pediococcus, Lactococcus bacteriaspecies, Pediococcus acidilactici, Lactobacillus sakei* 和*Enterococcus*，其中*Enterococcus*能有效控制单核细胞增多性李斯特菌所产生的毒素，*Enterococcus faecium*能有效控制血液中的胆固醇。早在1998年，Sameshima就发现添加了益生菌的香肠具有特有的香气，同时能控制有害菌的生长。这一特性与商业化的发酵剂具有相似的特点，另外也有很多乳酸菌在用作发酵剂的同时也作为益生菌被添加到生香肠中。

有研究报道称，每人每天摄入50g添加了益生菌*L. paracasei* LTH2579的发酵肉，能有效增强人体的免疫力。在进行这一研究的过程中，测定了志愿者血清中甘油三酯和胆固醇的含量，发现益生菌对其并没有太大的影响。值得注意的是，在大部分志愿者的排泄物中发现了*L. paracasei* LTH2579数量的增加。一种意大利蒜味腊肠能为益生菌群*L. paracasei* 提供很好的生存环境，如果每日摄入50g就能有效增强人体的免疫活性。

乳制品和肉制品除了在原料上不同，在制作过程中也存在一定差异。乳制品加工过程中需要巴氏杀菌，而发酵肉加工过程不需要，因此微生物菌群没有太大的变化，益生菌能在发酵肉制作过程中很好地存活。但是在一些腌制的香肠中，由于水分活度非常低，这导致很多细菌不能存活。

在评价发酵肉中的益生菌时，除了对人体健康的影响之外，益生菌对最终产品的质量和感官影响也是不能忽视的。从肠道中分离的益生菌*L. rhamnosus* GG，*L. rhamnosus* LC-705，*L. rhamnosus* E-97800和*L. plantarum* E-98098，对发酵肉制品的品质没有任何影响；从肠道中分离的*L. paracasei* L26 和*Bifidobacterium lactis* B94作为发酵肉的发酵剂，对于发酵肉的感官评价也无任何影响；另外以微胶囊形式使用的*L. reuteri* ATCC55730，同样对感官品质没有副作用。

对于发酵肉益生菌的研究，重要的是将益生菌赋予食品的功能价值应用到发酵肉中，这样才能使发酵肉具有功能食品的作用。目前关于发酵肉的保健特性还未完全开发利用和推广，很多人质疑发酵肉的功能价值，发酵肉中益生菌保健作用的科学证据也不充分，而且FAO和WHO尚未给出相关的文件。值得庆幸的是，关于这些问题的研究目前正在进行中，我们期待这些问题的解决，并希望尽快造福消费者。

第四部分

如何
获得益生菌

4

一 益生菌的分离

可以通过在适当的培养基上，经过反复培养的方法，从人和动物的口腔、肠道内容物及粪便中筛选出益生菌。常用的培养基如表1。

表1　　　　　　　　　　益生菌分离与培养方法

种类	通用培养基	选择性培养基	特殊添加物	培养条件
乳杆菌	MRS	SL	环乙酰亚胺（100mg/L）半胱氨酸（0.05%质量浓度）生长因子、其他糖类	$10\%CO_2+10\%H_2+80\%N_2$
双歧杆菌	MRS	TPY	抗生素	$37\sim40℃$ $10\%CO_2+10\%H_2+80\%N_2$
链球菌	链球菌基础培养基	TYC	—	$5\%CO_2$，好气培养
肠球菌	心脑浸出物培养基	卡那霉素七叶灵培养基	—	$>3\%CO_2$，好气培养

近些年，我国科研工作者对益生菌的分离鉴定做了大量工作，取得了很多成果。中国农业科学院兰州兽医研究所韩元等，从健康犊牛新鲜粪便中得到3株革兰阳性杆菌和4株革兰阳性球菌，并对这些菌株进行分子鉴定，结果显示分离到的益生菌主要有罗伊乳杆菌、黏膜乳杆菌、坚强肠球菌、海氏肠球菌和屎肠球菌。甘

肃农业大学张振瑞等从健康家兔的肠道中分离出37种细菌，其中需氧菌22种、厌氧菌15种，从优势菌种中选取需氧菌2株、厌氧菌4株作为益生菌菌种。这4个菌株也在我国农业部饲料添加剂品种目录（2006），以及美国食品药品监督管理局和美国饲料管理协会公布的43种"通常认为是安全的微生物"目录之中，此研究为后期研制家兔益生菌添加剂提供了理论依据。

二 益生菌的筛选

菌种的筛选是益生菌研制过程中的第一个重要环节，益生菌的选择必须符合安全性、功能性和技术可行性等标准。

1. 安全性

安全性是益生菌菌种选择研究中最重要的方面。优良的益生菌不应给动物的健康带来危害和潜在的威胁。在应用益生菌之前，要对其安全性进行研究和探讨。益生菌的安全评价包括毒性、病原性、代谢活性和菌株的内在特性等指标。现在多采用无菌动物和无特定病原来研究益生菌菌株的病原性和毒性。对于益生菌菌株代谢活性安全性的研究，集中在是否产生胺、氨、苯酚、吲哚、降解黏膜酶及致癌的亚胆酸，以及通过研究细胞的凝集活性评价细胞表面特性。选择安全的菌株应考虑以下几点。

①用作饲料添加剂或医药的益生菌最好是在动物中存在的菌种，即从健康动物体肠道中分离出来的菌株，也可适当考虑能在动

物生存环境下存活的其他有益菌种。

②必须为非病原菌，即无致病性，且无毒、无畸形、无耐药性、无残留，不引起感染或胃肠道紊乱，不给动物健康带来潜在威胁。

③不能携带可遗传的抗菌抗性基因，最好保证菌种具有稳定的遗传性及可控性。

④选择益生菌菌种时，首先考虑选用已被实践证明对动物生长有益的且被广泛大量应用的益生菌菌株。

由于抗生素药物的滥用，抗生素抗性除成为微生物的普遍特性外，还可引起各种微生物的感染问题。细菌的抗生素抗性分为固有抗性和适应环境而获得的抗性。固有抗性是一种与生俱来的特性，一般不会水平转移，没有转移到致病菌中的危险。而适应环境获得的抗性则源于基因变异，或其他细菌外源基因的插入，有可能在微生物间水平转移，引起耐药性的扩散。大多数双歧杆菌对奈啶酸、新霉素、多黏菌素B、卡那霉素、庆大霉素、链霉素和灭滴灵具有固有抗性。1998 年，Charteris 提出双歧杆菌可普遍耐受万古霉素。此外，检测微生物抗生素抗性方法的不同也会影响数据的比较。

2. 功能性

功能性是应用益生菌制剂的目的。研究证明，益生菌制剂在进入动物机体后，可与胃肠道内的正常菌群产生相互作用，增加优势菌群数量，从而改善动物胃肠道微平衡；同时抑制部分病原菌生长，促进动物的健康和疾病治疗。选用益生菌菌株时，既要考虑益生菌菌株在理论上是否具有一定的功效，同时要探究菌株进入机体过程中及进入机体后是否仍能发挥一定的功能。研究发现，优良的益生菌菌种应该具有以下功能。

①具有耐胃酸和多种消化酶的特性，以保证有足够数量的活菌定植于动物肠道并发挥益生作用。

②耐胆汁性，不要过早地解离胆汁盐。胆汁盐的分解会影响到益生菌的功能，此特性也是作为益生菌菌株可以在小肠内存活的必要条件之一。

③具备良好的胃肠道黏附性及持久性，使其在动物胃肠道内定植时，能充分发挥益生功能。

④具有良好的免疫刺激性，而且不会引起炎症反应或产生威胁动物健康的潜在修饰基因，对病原菌具有抗诱变性和拮抗活性。

⑤可分泌具有特定功能的活性物质，如能产生有机酸、消化酶以及维生素、氨基酸、促生长因子等多种有益宿主的代谢产物，促进或改善动物健康。

3. 技术可行性

菌株在具备了安全性并具有一定功能性的基础上，还应具备相应的技术可行性，方能应用于菌株的工业化生产。具体要求如下。

①具有良好的感官特性及风味，同时不会产生难闻的气体。

②在食品发酵和生产过程中能够提供品质优良的生物活性物质，并且在培养、生产及贮存过程中能保持理想的状态，在有活性的同时具备一定的稳定性。

③在目标位点能够生存，且具有抗噬菌体特性。

④适于大量生产和贮存，在较高浓度下仍具有较高的活性。

并非每一种益生菌都必须具备所有这些特点，但用于益生菌制剂时应尽可能选择更多满足以上特点的菌株。

鉴于上述各个特征，作为人使用的益生菌通常需要满足以下要求：

①人体来源，拥有可考证的安全和耐受记录；

②能在胃酸和消化道胆汁存在的情况下存活；

③能改善肠道功能，纠正各种肠道异常症；

④产生维生素，能释放有助于食物消化、促进基本营养物质吸收、钝化肠道内致癌物和有毒物的各种酶；

⑤能黏附到人肠道上皮细胞上，在黏膜表面定植，并能在消化道内生长繁殖；

⑥能产生抗菌物质，并且对各种人体致病菌具有广谱抗菌作用；

⑦具有能刺激免疫功能、增强宿主网状内皮细胞的防御功能。

三　益生菌的保存

1. 低温保存

益生菌产品大多没有经过包埋处理，必须低温冷藏保存，这样才能最大限度地保持其中活性益生菌的数量。一般来说，益生菌的活性会随着温度增加不断削减，当然也有例外，例如，凝结芽孢杆菌能够在80℃的热水中存活。

2. 常温保存

经过微胶囊包埋、冻晶干燥等技术处理过的益生菌粉剂或片剂，可进行常温保存，较适宜的温度是25℃以下，最高不要超过

37℃，因为在一定温度范围内，相对较低的温度，对菌的稳定性和功效会更有利。另外此类益生菌产品比一般益生菌饮料功能性强，往往有特定功能。

3. 避免阳光

益生菌饮品相对不稳定，要避免阳光直射导致的活菌过度发酵情况。益生菌粉剂或片剂产品，也要注意做到避光，阳光直射或暴晒，除了影响口味之外，还会损害活菌的调节能力。

随着益生菌的广泛使用，有效保护益生菌的生理活性成为当前益生菌研究的重点。益生菌在加工过程中，有可能受到温度、湿度和压力等外界环境的影响，其活性会大幅度损失。对于一个益生菌产品而言，在使用及保存期间保持强效的活力，是评价产品好坏最有效的准则。就目前来说，多数益生菌产品在规定期限内活菌的活力降低，致使大多数情况下益生菌达不到我国保健食品中对益生菌活菌数的要求。如何提高益生菌的活力，提高益生作用，有效保存益生菌，一直是科技人员关注和研究的热点。

对于益生菌的保存，国内学者进行了大量的研究。武汉大学刘永梅等采用食用微藻对两株常见益生菌的保存方法和保存效果进行了比较研究，试验结果显示，可食用微藻粉作为单一保护剂，具有较高的实用价值，可不添加任何有害化学物质，并最大程度保持益生菌的纯净和安全性；而且步骤简单，操作方便，既适合于一般实验室研究工作，也同样适用食品行业生产加工中涉及的益生菌种的保存。张志焱等学者将微胶囊技术应用到益生菌的保护中，通过微胶囊技术对益生菌进行保护，可以在一定范围内延长益生菌制剂的保存期，并尽量减少其通过胃肠道时的损失。

四　益生菌的鉴定

1. 用于细菌分类鉴定的特征

鉴定是分类学三大要素之一，旨在将未知菌通过表型特征和基因特征与已知菌相比较，从而得出未知菌的分类位置。该比较方法即为鉴定技术。鉴定技术可分为以下几类：常规鉴定、快速鉴定、分子生物学鉴定等。

常规鉴定的检测方法，即生理生化试验方法，包括革兰染色、芽孢染色、接触酶检测、氧化酶检测、厌氧生长检测、生长温度检测和耐热性检测、糖发酵试验、运动性检测、胱氨酸和半胱氨酸的需求测定、耐盐性和需盐性检测、葡萄糖发酵主要产物的测定、胞壁酸组成测定等。

快速鉴定也可称数值鉴定或数码鉴定。根据鉴定对象采用不同的编码鉴定系列，接种一定数目的试验卡，适温培养一定时间后，将所得结果以数字方式表达，并与数据库对照，从而获得鉴定结果。此方法使未知菌的鉴定更加简易、微量和快速，较好地满足了临床需要。目前常用的细菌编码鉴定系统有很多，例如Miero-ID、Minirek、Mmbaet、Baolog和API（Analytic Products Inc）鉴定系统等。API是目前国内外应用最广泛的一种，以鉴定菌种广泛和结果准确而著称。

分子生物学鉴定乳酸菌，主要以PCR技术和核酸分子探针杂交技术为基础。

2．生理生化试验方法

微生物的形态结构观察主要是通过染色，在显微镜下对其形状、大小、排列方式、细胞结构（包括细胞壁、细胞膜、细胞核、鞭毛、芽孢等）及染色特性进行观察，直观地了解细菌在形态结构上的特性，根据不同微生物在形态结构上的不同，达到区别、鉴定微生物的目的。

细菌细胞在固体培养基表面形成的细胞群体叫菌落。不同微生物在某种培养基中生长繁殖，所形成的菌落特征有很大差异，而同种细菌在相同条件下，培养特征有一定的稳定性，以此可以对不同微生物加以区别鉴定。因此，微生物培养特性的观察也是微生物检验鉴别中的一项重要内容。

①细菌的培养特征包括：在固体培养基上，菌落大小、形态、颜色（以及色素是水溶性还是脂溶性）、光泽度、透明度、质地、隆起形状、边缘特征及迁移性等；在液体培养中的表面生长情况（菌膜、环）、浑浊度及沉淀等；半固体培养基穿刺接种，观察运动、扩散情况等。

②霉菌、酵母菌的培养特征：大多数酵母菌没有丝状体，在固体培养基上形成的菌落和细菌菌落很相似，只是比细菌菌落大且厚。液体培养也和细菌相似，能均匀生长、沉淀或在液面形成菌膜。霉菌则有分支丝状体，菌丝粗长，在条件适宜的培养基上，菌丝无限生长，并沿培养基表面蔓延。霉菌的基内菌丝、气生菌丝和孢子丝常带有不同颜色，菌落边缘和中心、正面和背面的颜色常常不同，如青霉菌孢子青绿色，气生菌丝无色，基内菌丝褐色。霉菌

在固体培养基表面形成絮状、绒毛状和蜘蛛网状的菌落。

主要的生理生化试验方法包括：①氧化酶的测定；②过氧化氢酶的测定；③柠檬酸盐利用试验；④糖类发酵产酸试验；⑤克氏双糖复合试验；⑥乙酰甲基甲醇试验；⑦吲哚试验；⑧甲基红试验；⑨淀粉水解；⑩石蕊牛乳；⑪明胶液化；⑫七叶苷水解等。

参考文献

［1］郭本恒. 益生菌/乳业科学与技术丛书[M]. 北京：化学工业出版社，2016.

［2］胡永红等. 益生芽孢杆菌生产与应用[M]. 北京：化学工业出版社，2014.

［3］李永敬等. 益生菌与健康生活[M]. 北京：中国轻工业出版社，2007.

［4］陈忠秀，李嘉文，赵扬，等. 益生菌的应用现状和发展前景[J]. 中国微生态学杂志，2016，28（4）：493-497.

［5］陈颀，余艳，包显颖，等. 益生菌的作用机制及其应用[J]. 畜牧与兽医，2017，49（4）：116-121.

［6］方立超，魏泓. 益生菌的研究进展[J]. 中国生物制品学杂志，2007，20（6）：463-466.

［7］张卫华，高煜. 国内外益生菌产品发展状况[J]. 口岸卫生控制，2004，9（5）：44-46.

［8］杜鹏，霍贵成. 国内外益生菌制品发展现状[J]. 食品科学，2004，25（5）：194-198.

［9］李晓瑜，包大跃. 美国益生菌产品的发展状况[J]. 中国食品卫生杂志，2001，13（1）：43-45.

［10］张勇，刘勇，张和平. 世界益生菌产品研究和发展趋势[J]. 中国微生态学杂志，2009，21（2）：185-191.

［11］雷芸. 益生菌及其制品研究和应用开发的最新进展[J]. 甘肃联合大学学报（自然科学版），2013，27（1）：114-116.

［12］张秀红，孔健，于文娟，等. 发酵乳杆菌（*Lactobacillus*

fermentum）YB5生理特征的研究[J]. 中国食品学报，2008，8
（6）：33–38.

［13］王欣，刘飞，霍贵成. 传统乳制品中嗜酸乳杆菌的生理特性
研究[J]. 东北农业大学学报，2008，39（9）：87–92.

［14］牛生洋，赵瑞香，孙俊良. 嗜酸乳杆菌在现代乳品中的应用
研究进展[J]. 中国乳品工业，2005，33（10）：31–34.

［15］肖仔君，陈惠音，杨汝德. 嗜酸乳杆菌及其应用研究进展[J].
广州食品工业科技，2003，19：90–92.

［16］韩俊华. 嗜酸乳杆菌的益生特性及其在乳品中的应用[D]. 保
定：河北农业大学，2003.

［17］李玉莲. 嗜酸乳杆菌乳制品的保健作用[J]. 草食家畜，1991，
05：52–54.

［18］苏帅，孙会，于航宇，等. 鼠李糖乳杆菌的生物学功能[J].
动物营养学报，2019，31（1）：1–5.

［19］杨红梅. 鼠李糖乳杆菌在酸奶中应用研究[J]. 新疆畜牧业，
2018，33（8）：31–34.

［20］王佳. 鼠李糖乳杆菌与干酪乳杆菌发酵大豆乳工艺研究[D].
保定：河北农业大学，2009.

［21］白卫东，赵文红，梁桂凤，等. 保加利亚乳杆菌的特性及其
应用[J]. 中国酿造，2009，8：10–13.

［22］郑红星，祁珊珊. 嗜酸乳杆菌的研究进展[J]. 黑龙江畜牧兽
医（科技版）. 2015，9：61–63.

［23］朱军伟，杭锋，王钦博，等. 双歧杆菌在乳制品中研究与应
用进展[J]. 广东农业科学，2015，2：98–103.

［24］仝千秋，杨国宇，郭爽，等. 双歧杆菌在乳制品生产中存在

的问题和对策[J]. 乳业科学与技术2005，1：5-7.

[25] 左晓磊，赵国先. 双歧杆菌及其在乳制品中的应用[J]. 中国乳业，2003，12：34-35.

[26] 安颖，王世宾. 益生菌LGG的益生功效及在乳制品中的应用[J]食品科技，2006，7：271-274.

[27] 张英春，韩雪，单毓娟，等. 益生菌抑制致病菌作用的机制研究进展[J]. 微生物学通报，2012，39（9）：1306-1313.

[28] 王占锋，张萍，魏萍. 肠道益生菌抗病毒作用及其机制研究进展[J]. 中国微生态学杂志，2010，22（2）：184-189.

[29] 胡金娥. 益生菌对炎症和免疫系统影响的研究进展[J]. 实用心脑肺血管病杂志，2013，21（12）：5-7.

[30] 孙小华，付英. 益生菌与人体健康研究[J]. 中国卫生产业，2015，21：162-164.

[31] 李琴，张世春，曾晓燕，等. 益生菌营养及保健作用[J]. 食品研究与开发，2004，25（2）：106-109.

[32] 薛玉玲，朱宏，罗永康，等. 益生菌健康功能的研究进展[J]. 乳业科学与技术，2014，37（4）：27-30.

[33] 高阳，王海岩，王佳江，等. 益生菌的保健作用与研究综述[J]. 安徽农学通报，2009，15（19）：56-57.

[34] 杨晓燕，杨洋. 益生菌保健作用及发展动态[J]. 现代食品，2015，23：29-34.

[35] 冯文芳，刘红民. 肠道益生菌提高动物免疫力的作用机制[J]. 河南畜牧兽医，2016，37（2）：10-11.

[36] 郝生宏，佟建明，萨仁娜，等. 益生菌对宿主免疫功能的调节作用[J]. 黑龙江畜牧兽医，2005，3：61-62.

［37］刘少凌，陈运彬，杨杰，等. 肠道益生菌对新生儿免疫系统的影响[J]. 中国新生儿科杂志，2006，21（6）：380-382.

［38］洪青，刘振民，杭锋. 益生菌/益生元对婴幼儿健康作用的研究进展[J]. 食品工业，2018，39（5）：296-299.

［39］王文建，郑跃杰，罗宏英. 婴儿原发性乳糖不耐受症的临床诊断与治疗[J]. 中国综合临床，2011，27（11）：1173-1174.

［40］匡栩源，庄权，吴金泽，等. 益生菌在肿瘤防治中的机制和应用[J]. 中国微生态学杂志，2011，23（3）：274-276.

［41］王健生，张明鑫. 益生菌在消化系肿瘤治疗中的潜在应用价值[J]. 世界华人消化杂志，2009 17（6）：539-543.

［42］刘斌. 益生菌在消化系肿瘤治疗中的潜在应用价值[J]. 中外医疗，2014，21：112-113.

［43］王爱云，沈颖，仲金秋. 益生菌预防肿瘤作用研究进展[J]. 中国药理学通报，2018，34（3）：312-315.

［44］孙曦，杨云生. 益生菌与肿瘤化疗相关研究进展[J]. 中国实用内科杂志，2016，36（9）：739-743.

［45］钟燕. 益生菌与乳糖不耐受研究进展[J]. 国外医学卫生学分册，2003，30（2）：101-105.

［46］黄承钮，钟燕，乔蓉，等. 益生菌与乳糖不耐受[J]. 营养健康新观察，2009，2：30-36.

［47］张百川，孟祥晨. 益生菌抗肿瘤作用的分子机制的研究进展[J]. 现代食品科技，2005，21（4）：88-89.

［48］钟娜，徐庆. 益生菌抗肿瘤机制概述[J]. 大家健康（学术版），2014，8（7）：7.

［49］王彤，龙明智. 益生菌与高血压、血脂异常及心血管疾病关

系的研究进展[J]. 实用心脑肺血管病杂志，2017，25（7）：
7-9.

［50］张晓磊，武岩峰，宋秋梅，等. 益生菌降血脂作用的研究进
展[J]. 中国乳品工业，2015，43（5）：27-31.

［51］徐丽丹，邹积宏，袁杰利. 乳酸菌的降血压作用研究进展[J].
中国微生态学杂志，2009，21（4）：366-368.

［52］杨焱炯，张和春，周朝晖，等. 具有降血压功能的益生菌的
筛选[J]. 微生物学通报，2006，33（5）：28-30.

［53］周玉虹，陈宇峰，党大胜，等. 肠道菌群对高血压的作用[J].
实用药物与临床，2017，20（3）：353-356.

［54］王巍，邹积宏，袁杰力. 具有降解胆固醇作用益生菌的研究
进展[J]. 中国微生态学杂志，2009，21（2）：171-176.

［55］赵佳锐，范晓兵，杭晓敏，等. 人体肠道益生菌体外降胆固
醇活性研究[J]. 微生物学报，2005，45（6）：920-924.

［56］郭春锋，张兰威. 益生菌降胆固醇功能研究进展[J]. 微生物
学报，50（12）：1590-1599.

［57］王俊国，武文博，包秋华. 益生菌降胆固醇作用的研究现状
[J]. 内蒙古农业大学学报，2011，32（4）：346-353.

［58］赵佳锐，杨虹. 益生菌降解胆固醇的作用及机理研究进展[J].
微生物学报，2005，45（2）：315-319.

［59］赵雯，张健，曹永强，等. 高活性益生菌冰淇淋加工技术研
究进展[J]. 中国乳品工业，2017，45（3）：33-38.

［60］王世宾，刘金杰. 降血压益生菌产品Evolus的研究[J]. 现代
食品科技，2005，21（4）：73-75.

［61］郭宇星，陈庆森，赵林森，等. 瑞士乳杆菌发酵法制备乳清

蛋白源性 ACE抑制肽的研究[J]. 食品科学，2006，27（6）：151-154.

［62］贾宏信，龚广予，郭本恒. 益生菌干酪的研究进展[J]. 食品科学，2013，34（15）：355-360.

［63］姚俊，陈庆森，龚莎莎. 益生菌降压肽的研究现状及其国内外新产品开发趋势[J]. 食品科学，2007，28（9）：590-593.

［64］王正荣，赵欠，马汉军. 益生菌在发酵肉中的应用[J]. 食品与发酵工业，2014，40（4）：133-136.

［65］马德功，王成忠，于功明. 发酵肉制品中益生性乳酸菌的快速筛选[J]. 肉类工业，2008，2：21-23.

［66］路守栋. 益生菌发酵在调理肉制品中的应用研究[D]. 新乡：河南科技学院，2012.

［67］董银苹，崔生辉，李凤琴，等. 北京市售酸奶中益生菌的分离鉴定及耐药性检测[J]. 卫生研究，2010，39（5）：552-555.

［68］胡振华，杨永平，杨宇，等. 畜禽源益生菌的筛选及安全性研究[J]. 饲料工业，2018，39（14）：61-64.

［69］韩元，李禤，郭鹏飞，等. 犊牛粪便中益生菌的分离与鉴定[J]. 中国奶牛，2018，7：21-24.

［70］窦春萌，左志晗，刘逸尘，等. 凡纳滨对虾肠道内产消化酶益生菌的分离与筛选[J]. 水产学报，2016，40（4）：537-545.

［71］张振瑞，张力，陈桂银，等. 健康家兔肠道益生菌的分离鉴定[J]. 中国养兔杂志，2007，2：21-24.

［72］张霞，王学东，李彪，等. 肉鸭消化道酵母益生菌的分离与

鉴定[J]. 饲料工业，2015，36（22）：59-64.

[73] 蒋庆茹，柯才焕，虞晋晋，等. 杂色鲍肠道益生菌的分离和鉴定[J]. 厦门大学学报（自然科学版），2012，51（4）：782-788.

[74] 冼琼珍，马春全，梁丽敏，等. 猪源益生菌的分离筛选及部分生物学特性研究[J]. 动物医学进展，2006，27（2）：86-89.

[75] 张志焱，李伟，李金敏，等. 微胶囊技术在益生菌保护中的应用研究[J]. 畜牧与饲料科学. 2012，33（9）：33-34.